Martin Bücheler | Walter Kolb

Trockenmauern in Weinberg und Garten

Martin Bücheler | Walter Kolb

Trockenmauern in Weinberg und Garten

anlegen – bepflanzen – erneuern

143 Fotos
10 Zeichnungen
7 Tabellen

8

Teil 1

Klassische Trockenmauern in Landschaft und Garten

28

Teil 2

Trockenmauern herstellen Schritt für Schritt

Teil 3

Grundlagen des Trockenmauerbaus

Service

Vorwort

Trockenmauern aus Naturstein gehören seit jeher zur Kultur des Menschen.

In der Landschaft waren solche Mauern notwendig, um steile Flächen für den Anbau von Kulturpflanzen zu erschließen. In den Siedlungen prägten sie Gebäude, boten Schutz vor Feinden und sicherten wohnungsnahe Freiflächen.

In Abhängigkeit von den verfügbaren Gesteinen entwickelten sich im Laufe der Jahrhunderte regionale Bautechniken. Dazu gehören beispielsweise die Findlingsmauern in Norddeutschland, die Bruchsteinmauern aus Schiefer an Rhein und Mosel und die Schichtenmauern aus Sandstein und Muschelkalk in Süddeutschland.

Leider sind viele dieser kulturhistorisch bedeutsamen Bauwerke verschwunden. Die Gründe dafür sind in den steigenden Lohnkosten für den Unterhalt der Mauern, aber auch in dem Zwang zur Rationalisierung in der Landwirtschaft zu suchen. Leistungsfähige Maschinen können heute auch in Steilhängen eingesetzt werden. Da sind Mauern überflüssig. Wenig ausdrucksstarke aber maschinengerechte Landschaften bleiben übrig. In den Siedlungen zogen Lösungen aus Beton und Fertigteilen ein, die preiswert mit weniger Anforderungen an die handwerklichen Fähigkeiten der Arbeitskräfte ausgeführt werden konnten.

Offensichtlich wurden bei dieser Entwicklung die über die Statik hinausgehenden Funktionen der Trockenmauern aber nicht beachtet, denn mit den Mauern wurden wertvolle Biotope vernichtet. Der Wegfall von Trockenmauern führte auch zu einer Verarmung der Landschaft und damit zu einer Minderung der Erholungsfunktion. Auch in den Freiflächen der Siedlungen ist eine gewisse Eintönigkeit nicht zu übersehen.

Insofern ist die heutige Rückbesinnung auf die alte Handwerkskunst des Trockenmauerns verständlich. Auch unter Berücksichtigung höherer Kosten besteht zunehmend das Bedürfnis, alte Mauern zu erhalten oder zu erneuern. Aber auch bei Neubauten, besonders in den Gärten, erlangen Trockenmauern aus Naturstein zunehmend an Bedeutung. Sie erfüllen dort nicht nur Schutz- und Stützfunktionen. Sie bieten ein hervorragendes Gestaltungsmittel, das sich durch einmalige Individualität auszeichnet. Darüber hinaus bieten Trockenmauern wertvollen Lebensraum für Tiere und Pflanzen in der weitgehend versiegelten Stadtlandschaft.

Dieses Buch hat zum Ziel, das Interesse für Trockenmauern in all ihren Varianten zu wecken. Es will wichtige Kenntnisse für die Herstellung, Erhaltung und Bepflanzung von Trockenmauern vermitteln. Es bietet darüber hinaus wichtige Anleitungen für die Praxis der Ausführung.

Stuttgart und Güntersleben, im Frühjahr 2013

Martin Bücheler und Dr. Walter Kolb

Teil 1
Klassische Trockenmauern in Landschaft und Garten

Einführung

Unter Trockenmauern versteht man Mauern, die ohne Verwendung von Mörtel aus behauenen oder unbehauenen Natursteinen gefertigt sind. Diese Bautechnik wird seit über 5000 Jahren praktiziert – man kann insofern von einer ausgesprochen erprobten Methode sprechen. In Troja können wir Trockenmauerwerk aus dem Ende der Bronzezeit noch heute bewundern. Ein herausragendes Beispiel der Verwendung von Natursteinen für Trockenmauern in Gebäuden und Stützwänden ist in der über 600 Jahre alten Ruinenstadt Machu Picchu in Peru erhalten. Die mit höchster Präzision bearbeiteten Steine, in ein lebendiges Netzwerk der Fugen verwoben, stellen ein beeindruckendes Zeugnis der damaligen Handwerkskunst dar.

In der Landschaft wurden frei stehende Mauern vorwiegend zur Grundstücksabgrenzung in Verbindung mit Viehweiden errichtet. Beeindruckende Beispiele finden sich vor allem in Irland und Schottland. Auf den dortigen steinigen Böden stand ausreichend Baumaterial ohne große Transportkosten zur Verfügung.

Die Nutzung von Hangflächen für wärmeliebende Pflanzenarten wie Weinrebe oder Obstarten war vielerorts nur mit der Anlage von Terrassen möglich. Dort waren dann massive Stützmauern erforderlich, die dem hangseitigen Erddruck standhielten, der Erosion entgegenwirkten und die

Machu Picchu – Trockenmauern aus mächtigen Steinquadern.

Bearbeitung der Flächen durch Reduktion des Gefälles verbesserten oder erst ermöglichten. Die statischen Anforderungen an Stützmauern sind natürlich ungleich höher zu bewerten als bei frei stehenden Mauern. Sie erfordern auch zur Sicherung einen höheren Unterhaltungsaufwand. Beispiele solcher Terrassenanlagen finden sich in Deutschland in den Tälern des Neckar, des Mains, von Saale und Unstrut sowie von Mosel und Elbe. In der Schweiz sind im Rhonetal, in Italien an der Ligurischen Küste und in Österreich in der Wachau Terrassenweinberge erhalten.

Bedeutsame Werte sind im Naturschutz, Denkmalschutz, Artenschutz und in der Auswirkung auf das Landschaftsbild und den Fremdenverkehr zu sehen.

Im Siedlungsbereich haben sich Trockenmauern nach den Vorbildern in der Landschaft entwickelt. Die Nutzung von Freiflächen fordert fast immer ebene bis gering geneigte Flächenstrukturen. Dazu gehören Rasen- und Spielflächen, Wohnterrassen sowie Stellplätze und Wegeflächen. Insofern werden vor allem bei Baugebieten im Hangbereich zur Schaffung von leistungsfähigen Außenanlagen häufig Stützmauern erforderlich. Frei stehende Mauern im Siedlungsbereich stellen neben Funktionen für den Wind- und Sichtschutz auch attraktive Gestaltungsmittel zur Gliederung von Räumen in privaten und öffentlichen Grünflächen dar.

Neben den Statik- und Schutzfunktionen sind bei Trockenmauern im Siedlungsbereich auch ästhetische Aspekte von Bedeutung. So fördert

unten links:
Machu Picchu – Steinbearbeitung bei Trockenmauern in höchster Vollendung.

unten rechts:
Das Trockenmauerwerk aus Kalkstein bei dieser Ruine hat Jahrhunderte überdauert

Terrassenweinberge in Mühlhausen am Neckar.

unten links:
Denkmalgeschützte Sandstein-Trockenmauern in Homburg am Main.

unten rechts:
Mit der Bepflanzung der Mauerkrone wurde hier ein erlebnisreiches Gartenelement geschaffen.

Dieser Garten besticht durch seine sorgfältige Pflanzenauswahl und die geschickte Gliederung durch Trockenmauern.

Ein Stück Natur in den Garten geholt – wärmeliebende Pflanzen und sorgfältig bearbeitete Natursteine.

schon die unverfälschte Verwendung von Natursteinen in Trockenmauern die Erlebniswelt im Vergleich zu künstlichen Baustoffen. Die Vielfalt von Struktur und Farbe, das Netzwerk der Fugen und die Wertschöpfung der handwerklichen Leistung verhelfen jeder Trockenmauer und damit jeder Außenanlage zu einer gewissen Einmaligkeit.

Mauerarten

Trockenmauern werden stets als Schwergewichtsmauern hergestellt. Das bedeutet, dass ihre Stabilität von der Masse der Steine bestimmt wird. Da keinerlei Bindemittel verwendet werden, müssen die Steine so gefügt werden, dass sie einen geschlossenen Verbund durch den gesamten Mauerkörper bilden. Der Verbund besteht aus der Vormauerung mit der Ansichtsfläche und der Hintermauerung. Vor- und Hintermauerung müssen miteinander gefügt sein. Trockenmauern benötigen kein starres Fundament aus Beton. Im Regelfall reicht die Tragfähigkeit eines gewachsenen Bodens, auf dem eine etwa 40 cm dicke Fundamentmauerung aus den gleichen Mauersteinen hergestellt wird.

Es handelt sich um **Stützmauern**, wenn sie aufgrund ihres Gewichtes in der Lage sind, die auf sie einwirkenden Kräfte eines Hanges aufzufangen. Im Regelfall werden Stützmauern mit Anlauf zum Hang als einhäuptiges Mauerwerk hergestellt. Unter einhäuptig versteht man, dass die Mauer lediglich zur Talseite hin eine Ansichtsfläche erhält. Um zu verhindern, dass Bodenbestandteile mit dem Hangwasser in das Mauergefüge eingespült werden, erfolgt die Hinterfüllung der Mauer mit einem Sand-Kies- oder Splitt-Schotter-Gemisch. Dieses sorgt auch dafür, dass das Hangwasser unschädlich abgeleitet werden kann. Stauwasser könnte sonst den anstehenden Boden aufweichen und damit die Stabilität der Mauer gefährden. Bei den klassischen Weinbergsmauern wird auf die Entwässerung der

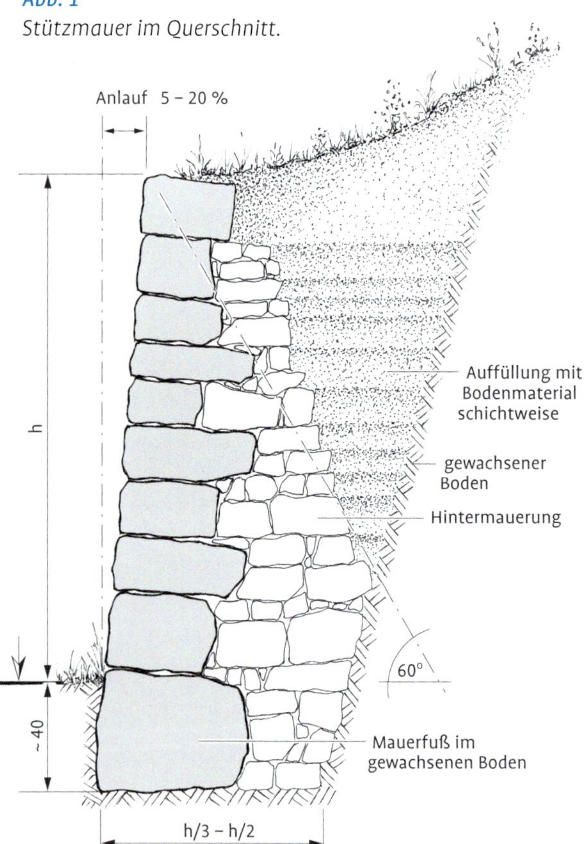

Abb. 1
Stützmauer im Querschnitt.

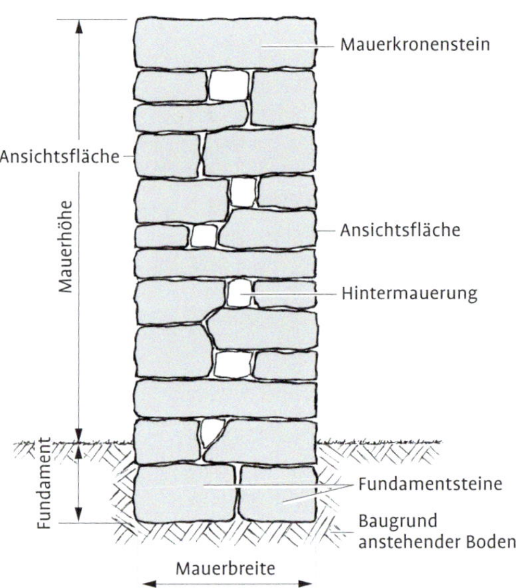

Abb. 2
Frei stehende Mauer im Schnitt (Schema).

Hinterfüllung meist verzichtet. Vermutlich sind dafür die örtlichen Verhältnisse verantwortlich, weil die Anlieferung von Dränbaustoffen in unzugänglichen Hanglagen mit erheblichen Mehrkosten verbunden ist. Man vertraut darauf, dass die Hintermauerung ausreichend drän- und filterfähig ist.

Frei stehende Mauern dienen im Gegensatz zu Stützmauern nicht der Hangsicherung. Sie sind insofern lediglich den Windlasten und dem eigenen Gewicht ausgesetzt. Sinnvolle Verwendung können sie als Einfriedung auf ebenen Flächen, als Sichtschutz oder zur räumlichen Gliederung finden. Der Schwerpunkt der Verwendung liegt deshalb vorwiegend bei der Gestaltung von Freiflächen im Siedlungsbereich. Aus statischen Gründen können frei stehende Trockenmauern geringer dimensioniert werden. Allerdings haben frei stehende Mauern vier Ansichtsflächen mit einer gemeinsamen Hintermauerung. Die Ausführung als zweihäuptige Mauer mit den dazu gehörigen Eckaufmauerungen stellt hohe Anforderungen an die Auswahl der Steine und die handwerkliche Geschicklichkeit.

Futtermauern werden benötigt, wenn ausreichend stabiles Erd- oder Steinmaterial ansteht und durch eine vorgestellte Trockenmauer gegen Witterungseinflüsse geschützt werden soll.

Solche Verhältnisse kommen vor, wenn stark steinige Böden oder lockeres Felsmaterial vorhanden sind. Der Erddruck ist dann weitgehend zu vernachlässigen. Insofern entspricht die Futtermauer weitgehend einer einhäuptigen frei stehenden Mauer mit wesentlich geringerer Dimensio-

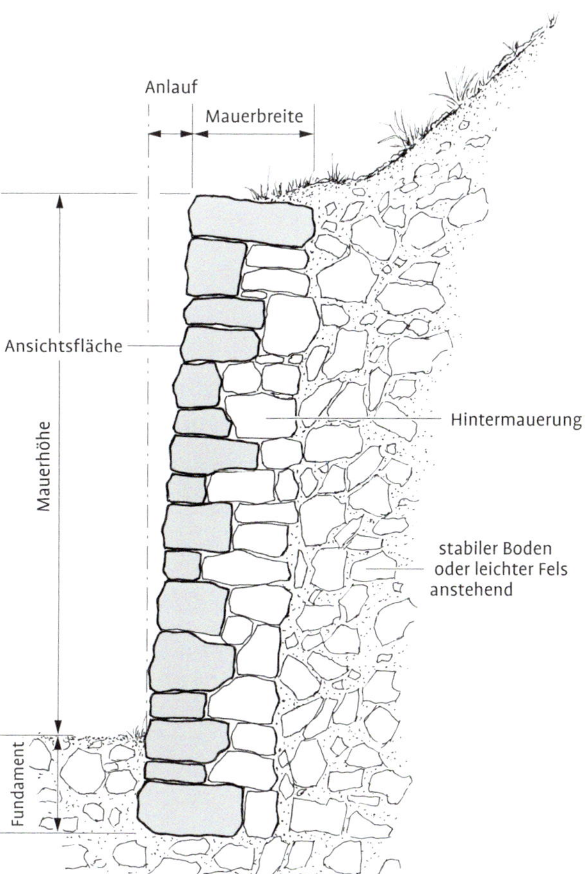

Abb. 3
Futtermauer im Schnitt (Schema).

nierung als eine Stützmauer. Auch hier sollte auf einen guten Wasserabzug geachtet werden. Da die Böschungsneigung beim Abtrag des stabilen Erd- oder Steinmaterials sehr steil ausgeformt werden kann, ist eine wesentlich geringere Hinterschüttung notwendig.

Mauerwerksverbände

In Abhängigkeit von dem vorhandenen Steinmaterial und der Intensität der Bearbeitung können Mauerwerksverbände mit unterschiedlichen Eigenschaften hergestellt werden. Dies betrifft nicht nur die Statik, sondern auch das Fugenbild sowie die ökologische Wertigkeit. Unter Anlehnung an die Empfehlungen für Planung, Bau und Unterhaltung von Trockenmauern der FFL sowie der in der Praxis üblichen Begriffe werden nachfolgend die wichtigsten Verbände vorgestellt.

Findlingsmauerwerk

Bei diesem Verband werden vorwiegend Lesesteine verwendet, die praktisch ohne weitere Bearbeitung eingebaut werden. Die Kunst der Herstellung liegt darin, die gesammelten Steine so anzuordnen, dass sie eine ausreichende Stabilität im Mauerwerk bewirken. Dies geschieht so, dass die Hohlräume zwischen den größeren Steinen durch kleinere Steine ausgefüllt werden. Daraus ergibt sich auch die Notwendigkeit, ausreichend unterschiedlich große Steine zur Verfügung zu haben. Die Steine selbst können rundlich, polyedrisch oder annähernd lagerhaft sein. Es entstehen keine gleichmäßigen Fugen, der Hohlraumanteil bleibt verhältnismäßig hoch. Daraus ist auch die geringere Stabilität abzuleiten. Die Mauern wirken aber durch ihre raue Oberfläche und die Vielfalt der Steingrößen ausgesprochen urtümlich. Darüber hinaus bieten solche Mauern beliebte Lebensräume vor allem für wärmeliebende Tiere wie Eidechsen, Blindschleichen und Höhlenbrüter.

Stützmauer aus Lesesteinen in der Region Olmo/Italien.

Wilde Findlingsmauer mit Treppenlauf. Die Steine bleiben weitgehend unbearbeitet.

Findlingsmauer für das Dach einer Schutzhütte in Island.

Zyklopenmauerwerk

Bei diesem Mauerwerk werden Steine verarbeitet, die überwiegend polyedrische Ansichtsflächen aufweisen. Die Fugen verlaufen nicht waagerecht oder senkrecht, sondern richten sich nach der Steinform. Insofern besteht durchaus ein Übergang von Findlingsmauern zu Zyklopenmauern. Die Steine werden nur in geringem Maße bearbeitet, gelegentlich aber gespalten. Mit kleinen Steinen werden die Hohlräume zwischen größeren Steinen verkeilt. Aus Gründen der Stabilität wird meist großformatiges Material mit einem geringen Grad der Bearbeitung verwendet.

Niedrige Zyklopenmauer aus Basaltlava.

Dieses Zyklopenmauerwerk beeindruckt durch das Wechselspiel der Steingrößen.

Schichtenmauerwerk

Wie der Name schon sagt, erfolgt bei diesem Mauerwerksverband die Anordnung der Steine in Schichten. Schichtenmauerwerk mit seinen verschiedenen Ausbildungsformen entwickelt sich aus solchen Ausgangsmaterialien, die bei der Gewinnung bereits lagerhafte Steine liefern. Dazu gehören beispielsweise Sandsteine, Schiefer und Muschelkalk. Beim Schichtenmauerwerk wird angestrebt, die Lagerfugen der Steine annähernd waagerecht und die Stoßfugen annähernd senkrecht anzuordnen. In Abhängigkeit von der Bearbeitung, den Steingrößen und dem Fugenverlauf wird Schichtmauerwerk unterschieden nach Bruchstein-Schichtenmauerwerk, regelmäßigem Schichtenmauerwerk, unregelmäßigem Schichtenmauerwerk und Quadermauerwerk. Die Unterschiede werden nachfolgend dargestellt.

Bruchstein-Schichtenmauerwerk – Bei diesem Mauerwerksverband werden die Steine meist ohne besondere Bearbeitung in das Mauerwerk eingefügt. Zwangsläufig ergeben sich dabei relativ große Fugen, die aber für die ökologische Funktion von großem Wert sind. Vorteilhaft sind annähernd quaderförmige Steine, gelegentlich können auch polyedrische Formate verwendet werden. Besonders gut eignen sich Materialien, die von Natur aus geschichtet sind, sodass ein Einbau meist ohne Einsatz von Werkzeugen möglich ist. Dies ist vor allem bei Schiefer und Sandstein der Fall.

Für das Fugenbild, aber auch für die Verarbeitung, sind unterschiedliche Steingrößen von Vorteil. Bruchstein-Schichtenmauerwerk liefert in Abhängigkeit vom Ausgangsmaterial meist ausdrucksstarke Ansichtflächen mit intensiver Licht-Schattenwirkung. Da kaum Bearbeitungsspuren erkennbar sind, entsteht so ein sehr naturhafter Gesamteindruck.

Ausdrucksstarkes Bruchstein-Schichtenmauerwerk aus Schiefer. Die Aufmauerung der Pfeiler zeugt von hoher Handwerkskunst.

Schottische Landschaftsgärtner fertigten diese Bruchsteinmauer auf der Landesgartenschau 1990 in Würzburg. Charakteristisch die Mauerabdeckung als Rollschicht.

Regelmäßiges und unregelmäßiges Schichtenmauerwerk – Bei dieser Form des Mauerverbandes werden die Bruchsteine stärker bearbeitet, und zwar überwiegend mit dem Hammer (daher auch der Begriff „Hammerrechtes Schichtenmauerwerk"); die Feinarbeit erfolgt dann mit dem Spitzeisen. Störende Steinpartien werden weggeschlagen. Gegenüber dem Bruchstein-Schichtenmauerwerk ergeben sich deshalb geringere Fugendicken, exaktere Mauerkanten und damit auch höhere Festigkeiten des

Sehr exakt ausgearbeitetes Schichtenmauerwerk aus Sandstein. Mauern, Treppen und Bepflanzung aus einem Guss.

Regelmäßiges Schichtenmauerwerk aus Granit. Die Steine sind vergleichsweise wenig bearbeitet. Die steigende Höhe der Mauer wurde über die Einfügung einer weiteren Schicht und eines Wechselsteins bewältigt.

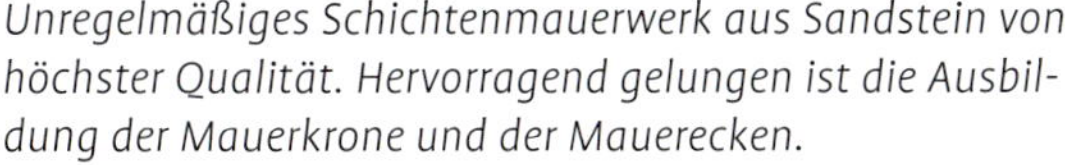

Unregelmäßiges Schichtenmauerwerk aus Sandstein von höchster Qualität. Hervorragend gelungen ist die Ausbildung der Mauerkrone und der Mauerecken.

Regelmäßiges Schichtenmauerwerk aus Sandstein. Technisch gut gelöst ist die Anpassung der Mauerkrone an den Geländeverlauf.

Mauerwerkes. Die Einzelsteine werden annähernd quaderförmig geformt. Die Sichtflächen, vor allem aber die Lager- und Stoßflächen, sollen weitgehend eben sein. Die Steine sollen satt aufliegen, sodass ein Auszwicken der Einzelsteine weitgehend unterbleiben kann.

Schichtenmauerwerk ist der Mauerwerksverband, der sowohl für Stützmauern in der Landschaft als auch im Siedlungsgebiet häufig verwendet wird. Meist werden allerdings Mauern im Siedlungsbereich etwas exakter bearbeitet als solche in der Landschaft.

Unter **regelmäßigem Schichtenmauerwerk** versteht man einen Verband, der durchgehende Lagerfugen aufweist. Die Stoßfugen werden jeweils von der darüber liegenden Schicht unterbrochen, die Einzelschichten können aber unterschiedlich dick sein.

Unregelmäßiges Schichtenmauerwerk ist dadurch gekennzeichnet, dass die waagerechten Fugen regelmäßig durch sogenannte Wechsler unterbrochen werden. Der Ausgleich zu den Wechslern erfolgt dann durch mehrere dünnere Steine.

Quadermauerwerk

Quadermauerwerk ist im Grunde genommen ebenfalls Schichtenmauerwerk. Im Regelfall sind bei den verwendeten Steinen die Lager- und Stoßflächen in ganzer Tiefe bearbeitet. Infolge der vollflächigen Bearbeitung lassen sich beim Quadermauerwerk meist geringere Fugenbreiten einhalten. Allerdings ist Quadermauerwerk für Trockenmauern nur bedingt geeignet, weil die Haftung der Steine untereinander gering ist. Wirtschaftliche Lösungen sind dennoch erkennbar, wenn technisch vorgefertigte Steine beispielsweise durch Sägen und anschließendes Aufrauen der Oberflächen bessere Voraussetzungen bieten.

Blockmauerwerk aus Muschelkalk mit gutem Verhältnis zwischen Steinlänge und Steinhöhe.

Blockmauerwerk

Beim Blockmauerwerk werden einzelne Blöcke übereinander in Schichten angeordnet. Diese Art der Mauerherstellung hat überall dort Eingang gefunden, wo mit schwerem Gerät gearbeitet werden kann. Die Blöcke sollten ein Mindestvolumen von etwa 0,3 m^3 aufweisen, eine Höhe von etwa 30 bis 60 cm und eine Länge von mindestens 80 cm erreichen. Um eine stabile Auflage sicher zu stellen, sollten die Blöcke aber mindestens 40 bis 50 cm breit sein. Blockmauerwerk kann als frei stehende Mauer, als Stützmauer und als Futtermauer ausgebildet werden. Der häufigste Anwendungsbereich dürfte jedoch in der Hangsicherung zu sehen sein. Wenn die Blöcke entsprechend im Versatz angeordnet sind, bietet das Blockmauerwerk gute Voraussetzungen für eine Bepflanzung. Blockmauerwerk setzt nicht die hohen handwerklichen Fertigkeiten voraus wie beispielsweise Schichtenmauerwerk.

Das Mauerwerk selbst erinnert eher an natürliche Felsaspekte, es fehlt ihm aber das Gewebe lebendiger Fugen und die Ausstrahlung handwerklicher Kompetenz.

Trockenmauerwerk als Biotop in Gärten und Grünflächen

Lebensräume für Pflanzen und Tiere sind auch in der Landschaft selten geworden. Die Versiegelung durch Bebauung und Verkehr sowie der Zwang zur weitgehend technisierten Landwirtschaft bedingen eine Abnahme der Vielfalt von Fauna und Flora und damit eine ökologische Verarmung mit den bekannten Folgen.

Insofern gilt es gegenzusteuern. In der freien Landschaft ist die Umwandlung von Nutzflächen in Biotope schon aus wirtschaftlichen Gründen problematisch und geschieht häufig nur auf der Grundlage von Ausgleichsflächen im Rahmen von Baumaßnahmen. Damit wächst aber auch der Druck auf die verbleibenden Nutzflächen mit der Folge einer weiteren Intensivierung der Kulturen.

Die Unterschutzstellung von Landschaftsteilen und die Hinwendung zu ökologisch verträglicheren Kulturmethoden sind sicher hilfreich, lösen aber das Problem auch nur teilweise.

Es erscheint deshalb sicher richtig, auch in den Grünflächen bebauter Gebiete nach geeigneten Lebensräumen zu suchen und diese entsprechend zu nutzen. Neben der Bewirtschaftung des Regenwassers und der Schaffung von naturnahen Pflanzenstrukturen sollten Trockenmauern als wertvolles Element zur Bildung von ökologischen Trittsteinen im Siedlungsgebiet gefördert werden.

Bei terrassenförmig angelegten Trockenmauern können besonders an den Mauerkronen und an der Mauerbasis vielfältige Pflanzengemeinschaften etabliert werden.

Lebensraum Trockenmauer

Die Welt der Trockenmauer unterscheidet sich vielfältig von der einer hermetisch geschlossenen Beton- oder Mörtelmauer. Besonders bedeutsam ist dabei der Anteil der Hohlräume, der in Abhängigkeit von dem jeweiligen Mauerverband zwischen 15 und 30 % beträgt. Ein Bruchsteinmauerwerk kann durchaus auch über 30 % Hohlraumgehalt aufweisen. Die Hohlräume sind maßgeblich am speziellen Kleinklima der Trockenmauer beteiligt. Während sich die Oberflächen in Abhängigkeit von der Sonneneinstrahlung wesentlich stärker aufheizen, wirken die Hohlräume durch ihre Verbindung zur Hinterfüllung in klimatischer Hinsicht ausgleichend. Es bestehen deshalb innerhalb der Mauer die unterschiedlichsten Temperatur- und Feuchtigkeitsbereiche. Diese stellen die wichtigsten Parameter für die Ansiedlung von Tieren dar, weil sich jede Art die ihr besonders zusagenden Verhältnisse auswählen kann. Dies gilt auch für den jahreszeitlichen Ablauf.

In den Hohlräumen lagern sich im Laufe der Zeit Staub und organische Stoffe ab. Diese können von einer Reihe von Pflanzenarten besiedelt werden, die den durch extreme Trockenheit und große Hitze gekennzeichneten Standort tolerieren. Selbstverständlich besteht auch die Möglichkeit, durch spezielle bautechnische Maßnahmen die Besiedlung mit Pflanzen zu optimieren. Dies wird im Teil 2 des Buches detailliert dargestellt.

Tierparadies zwischen Steinen

Wer in seinem Garten Tiere beobachten will, kommt an der Anlage einer Trockenmauer kaum vorbei. Viele dieser Tiere sind geschützt, weil sie in der Vergangenheit ihren Lebensraum verloren haben. Man braucht sie nicht anzusiedeln. Sie kommen auch in städtischen Gebieten auf der Suche nach geeignetem Lebensraum im Laufe der Zeit von alleine. Auf einige Arten sei hier hingewiesen.

Eidechsen lieben Steine. Als wechselwarme Wesen benötigen sie sonnige Stellen, auf denen sie sich aufwärmen können, um ihren Organismus zu aktivieren, aber auch Verstecke, um sich vor Feinden in Sicherheit zu bringen. Außerdem brauchen sie möglichst frostgeschützte Räume, um den Winter zu überstehen. Trockenmauern bieten all dies in reichem Maße.

Eidechsen nutzen die Wärme von sonnenbeschienenen Steine.

Die Blindschleiche kann sich in Gärten durchaus als Nützling erweisen.

Die flinke Glattnatter ist völlig harmlos.

Die **Zauneidechse** dürfte sich wohl zuerst einstellen, weil sie insgesamt häufiger vorkommt. Aber auch die etwas seltenere **Mauereidechse** kann sich ansiedeln. Allerdings ist ihre Verbreitung in Deutschland eher auf die klimatisch begünstigten Weinbaugebiete beschränkt. Beide Eidechsenarten sind streng geschützt.

Ebenfalls zu den Echsen gehört die **Blindschleiche**. Obwohl sie äußerlich den Schlangen ähnelt, gehört sie nicht zu diesen. Trockenmauern bieten der Blindschleiche die Möglichkeit, an der Vorderseite Wärme zu tanken und sich bei Gefahr in die Hohlräume zurückzuziehen.

Auch als Winterquartier werden die erdseitig liegenden Hohlräume genutzt. Um Regenwürmer und Nacktschnecken zu jagen, wird sie meist ihr Versteck in der Mauer verlassen. Deshalb ist sie bei feucht-warmer Witterung besonders aktiv.

Gelegentlich stellt sich auch die **Schling-** oder **Glattnatter** ein. Ihre Ansprüche an den Lebensraum ähneln denen der Eidechsen. Die Glattnatter als die kleinste Schlangenart in ihrem Verbreitungsgebiet ist ungiftig. Sie ist unter strengen Schutz gestellt, weil ihre natürlichen Lebensräume permanent dezimiert werden.

Solitär lebende Bienen stellen sich gern in den Hohlräumen von Trockenmauern ein. Im Gegensatz zu den genannten Reptilien können sie auch vergleichsweise eng gefugtes Mauerwerk besiedeln. Dazu gehört die Gehörnte **Mauerbiene**, die sich gern dort aufhält, wo viele Vorfrühlingsblüher vorhanden sind. Die Pollen von *Scilla* dienen ihr in besonderem Maße als Nahrung.

Die sehr selten gewordene **Mörtelbiene** kommt nur noch in den wärmeren Gebieten Baden-Württembergs vor. Allerdings konnten dort auch erfolgreich Neubesiedlungen durchgeführt werden. Die Biene ist vom Aussterben bedroht, und deshalb sollte jede Möglichkeit genutzt werden, sie durch geeignete Lebensräume wie Trockenmauern an sonnigen Standorten zu fördern. Hilfreich dürfte auch die Anlage von Kräuterwiesen sein, bei denen vor allem Esparsette und Hornklee als Pollenlieferant nicht fehlen dürfen.

Die **Steinhummel** – erkennbar an dem leuchtend roten Hinterteil – hält sich gern im städtischen Bereich auf, wenn ausreichend Nistmöglichkeiten und Nahrungsgrundlagen vorhanden sind. Sie baut oft Nester in Trockenmauern, in denen bis zu 300 Arbeiterinnen leben. Steinhummeln ernähren sich von vielen Blüten tragenden Pflanzen und sind insofern nicht auf spezielle Arten angewiesen. Der vom Aussterben bedrohte **Fetthennenbläuling** wird oft an den Weinbergsmauern beobachtet. Er ist an *Sedum*-Arten gebunden und verpuppt sich gern in den Fugen von Trockenmauern.

Neben den genannten Insekten und Reptilien nistet gern der **Gartenrotschwanz** in Trockenmauern. Voraussetzung dafür ist die Schaffung eines geeigneten Hohlraums im Mauerwerk. Die Verfasser entdeckten in einer Trockenmauer sogar ein Nest des seltenen **Steinschmätzers** und konnten dort die Jungenaufzucht beobachten.

Teil 2
Trockenmauern herstellen Schritt für Schritt

Grundsätzliche Überlegungen

In diesem Teil werden die technischen, gestalterischen und statischen Kriterien von Trockenmauern erarbeitet und an konkreten Beispielen dargestellt. Es wird davon ausgegangen, dass die Trockenmauern Bestandteil einer Gesamtplanung sind. Insofern werden planerische Vorgaben nur in Verbindung mit den Mauern selbst im Detail behandelt.

Ziel dieser Ausführungen ist es, eine praxisorientierte Grundlage als Anleitung für den Bau, die Bepflanzung und den Unterhalt von Trockenmauern zur Verfügung zu stellen.

Steinbeschaffung

Für die Herstellung von Trockenmauern können Steine aus unterschiedlichen Quellen genutzt werden. Neben der Verwendung von geeignetem Abbruch aus Gebäuden oder anderen Bauwerken oder der Sammlung von Lesesteinen ist die Beschaffung aus regionalen Brüchen zu empfehlen. Meist wird man dort die notwendigen Steine als gebrochenes Material beziehen. Damit wird sichergestellt, dass geringe Transportkosten anfallen und die Steingewinnung garantiert ohne Kinderarbeit geschieht. Natürlich sorgt der Abbau heimischer Vorkommen auch für die Erhaltung von Arbeitsplätzen. Da die Brüche nach der Ausbeutung zwingend renaturiert werden müssen, erscheint die Verwendung regionaler Herkünfte sowohl ökonomisch als auch ökologisch sinnvoll, auch wenn hierfür höhere Kosten anfallen sollten. Neben den unbearbeiteten Bruchsteinen liefern die Werke auch gerichtete Steine, die die Arbeit auf der Baustelle wesentlich erleichtern, wenn man Schichtenmauerwerk herstellen will.

Steinqualität

Die meisten Natursteinvorkommen sind für den Bau von Trockenmauern geeignet. Im Zweifelsfall sollte man Prüfzeugnisse für den Frostwiderstand und die Widerstandsfähigkeit gegen Witterungseinflüsse fordern. Bezüglich der Druckfestigkeit erfüllen nahezu alle abbauwürdigen Natursteine die Anforderungen, die für Trockenmauern zu stellen sind.

Wer Bruchsteine oder vorgerichtete Steine des ausgewählten Ausgangsmaterials kaufen will, sollte sich unbedingt Materialmuster besorgen. Die beste Lösung ist dabei, vor Ort die Steine visuell zu beurteilen. Dies bezieht sich einerseits auf die Farbe, denn bei der gleichen Steinart können große Farbunterschiede auftreten. Darüber hinaus ist zu beachten, dass nur „gesundes“ Material verwendet wird. Denn organische Einschlüsse oder Tonadern führen bei der Bearbeitung, spätestens aber im Verlauf weniger Jahre nach Fertigstellung unter Umständen zu Abplatzungen und damit zu einer gefährlichen Minderung der Stabilität der Trockenmauern. Wenn es möglich ist, kann Bruchsteinmaterial mit annähernd gleicher Schichthöhe als grobe Sortierung erworben werden. Zu achten ist auch darauf, genügend Material mit ausreichender Steinlänge für die Bindersteine zu bestellen. Nach Schichtdicke vorsortierte Steine sollten zweckmäßig in Paletten gelagert und transportiert werden. Das reduziert später die ohnehin zeitraubende Suche nach geeigneten Formaten und erleichtert auf der Baustelle auch den Transport, soweit Maschineneinsatz möglich ist.

Wenn Steine aus Gebäudeabbrüchen gewonnen werden, ist ebenfalls eine grobe Vorsortierung zu empfehlen. Eine Vorsortierung bietet sich

Gesundes Steinmaterial sieht anders aus. Dieser Sandstein weist Einschlüsse und Risse auf und ist deshalb für Trockenmauern ungeeignet.

besonders dort an, wo in dem Abbruch in gleichmäßigen Schichten gemauert wurde. Leider gelingt dieses Vorhaben nicht immer, weil die Abbrucharbeiten mit schwerem Gerät durchgeführt und damit die Steinschichten gemischt werden. Die Sortierung muss dann später auf der Baustelle erfolgen. Unschätzbare Vorteile bieten Abbruchsteine dahingehend, dass sie meist für ihre Erstverwendung bearbeitet worden waren und Nacharbeiten bei ihrer Wiederverwendung in geringerem Maße erforderlich sind.

Sortierungen

Von den gängigen Ausgangsmaterialien Sandstein, Kalkstein und Granit liefern die Werke bei Bruchsteinen unterschiedliche Sortierungen.

Richtmaße, wie bei künstlichen Steinen üblich, sind bei Natursteinen nicht gebräuchlich. Insofern sind die nachfolgend angegebenen Maße als Orientierungswerte zu betrachten, die von Hersteller zu Hersteller variieren können.

Tab. 1 Sortierungen für Bruchsteine und Quader aus Naturstein, allseits gespalten, annähernd rechteckig

Schichtdicke [cm]	Einbindetiefe [cm]	Länge [cm]	Fläche [m²/t]
5 bis 8	20 bis 30	30 bis 40	2,2
8 bis 15	20 bis 30	30 bis 50	2,0
15 bis 20	20 bis 30	30 bis 50	2,0
25 bis 30	25 bis 30	30 bis 60	1,5
Quader			
30 bis 40	30 bis 40	50 bis 100	1,3
40 bis 50	40 bis 50	80 bis 140	1,0
50 bis 60	50 bis 60	80 bis 140	0,8

Die durch Sprengung gewonnenen Blöcke aus Sandstein werden für die Maschinenspaltung vorbereitet.

Maschinen-gespaltene Bruchsteine aus Sandstein.

Spalten und Sortieren von Muschelkalk-Bruchsteinen.

Muschelkalk-Bruchsteine, allseitig Maschinen-gespalten, sortiert und palettiert.

Blöcke aus Muschelkalk, vorgerichtet.

Wasserbausteine unsortiert eignen sich durchaus für Findlingsmauern und besonders für die Hintermauerung von Schichtenmauerwerk.

Bruchsteine können auch unsortiert beschafft werden. Diese Steine sind im Regelfall preisgünstiger zu erhalten, dafür entstehen aber auf der Baustelle zusätzliche Sortierungsarbeiten. Die Werke können sortierte Bruchsteine lose in Schüttung liefern; günstiger für den Transport und die Verarbeitung sind allerdings Sortierungen in Paletten. Die Mehrkosten zahlen sich aus und Verluste durch Bruch treten dann kaum auf.

Sogenannte **Wasserbausteine** sind Steine unterschiedlicher Größe, teilweise polyedrisch oder auch gerundet. Hier existieren normative Festlegungen, wenn das Material für den Wasserbau verwendet werden soll. Für Trockenmauern sind Wasserbausteine aber auch geeignet, z. B. für Findlingsmauerwerk, aber in besonderem Maße für die Hintermauerung von Schichtenmauerwerk. Als Größensortierungen dürften die Steinlängen von 10 bis 20, 10 bis 30 und 15 bis 45 cm (entsprechen etwa den Größenklassen gemäß DIN EN 13383-1 von CP 63/180, CP 90/250 und LMB 5/40).

Beschaffung und Qualität von Steinen für Trockenmauern

- Nutzung von Gebäudeabbrüchen oder Lesesteinen.
- Verwendung regionaler Herkünfte.
- Auswahl der Gesteinsart und Gesteinsfarbe.
- Sicherung der Qualität durch Materialmuster und Prüfzeugnis.
- Beschaffung von Sortierungen bestimmter Abmessungen.
- Nutzung von Paletten für rationelles Bauen.
- Für weniger Geübte Bestellung von vorgerichteten Steinen.

Steinbearbeitung

Zur Bearbeitung von Natursteinen gehören handwerkliches Geschick und die Handhabung der geeigneten Werkzeuge. Die für den Bau von Trockenmauern wichtigsten Werkzeuge und ihre Anwendung werden nachfolgend vorgestellt.

Mit dem **Spitzeisen** lassen sich vor allem verschiedene Sandsteine, Grauwacke, Tuffstein und die weichen Kalksteine bearbeiten. Das Spitzeisen ist geeignet, ausreichend Ebenen für die Stoßflächen, Lagerflächen und das Gesicht der einzelnen Steine auszuarbeiten. Unentbehrlich bei der Herstellung von Schichtenmauerwerk mit annähernd rechtwinkligen Bruchsteinen! Die gespitzte Oberfläche der Steine lässt einerseits die natürliche

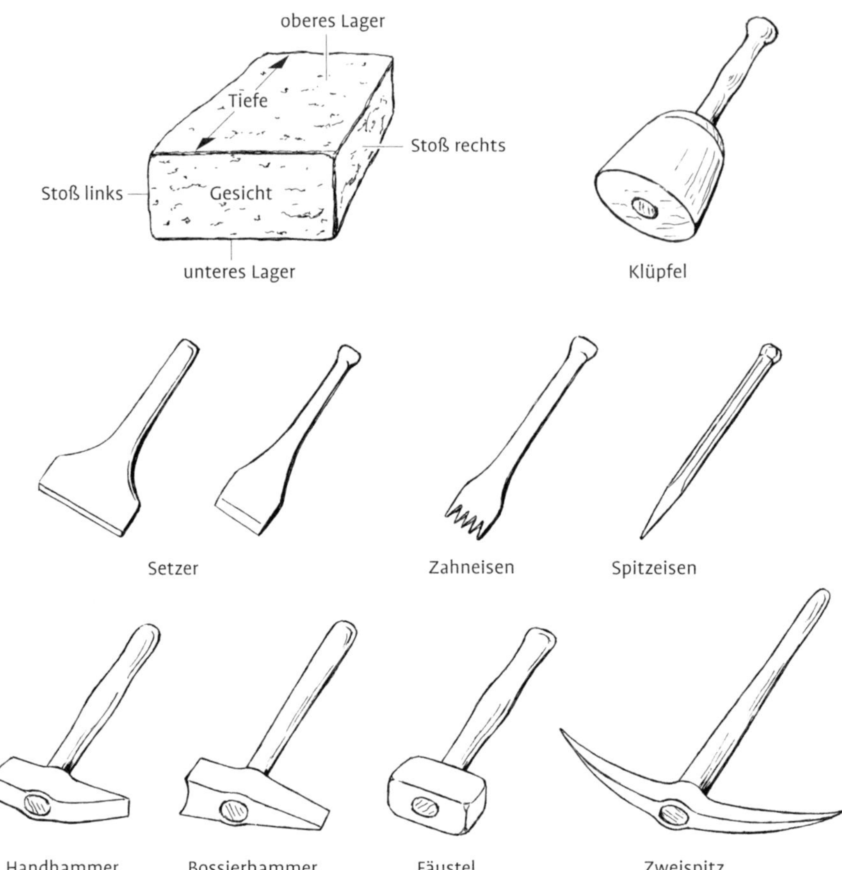

Abb. 4
Werkzeug für die Steinbearbeitung.

Struktur wirksam werden; sie ist aber auch Zeichen der Handwerkskunst alter Mauern. Mit dem Spitzeisen können auch stark herausstehende und damit das Gesamtbild des Mauerwerks störende Bossen des Steingesichtes nachgearbeitet werden. In vielen Fällen reichen aber die Bearbeitung der oberen und unteren Lagerflächen der Steine und das grobe Nachrichten der Stoßflächen. Grundsätzlich gilt: Unnötige Bearbeitung vermeiden!

Der **Zweispitz** als Zweihandwerkzeug wird ähnlich eingesetzt wie das Spitzeisen. Die Hiebspuren werden meist länger als mit dem Spitzeisen und die Oberfläche erhält eine feinere Struktur. Könner sind aber in der Lage, die Oberflächenbearbeitung nahezu ausschließlich mit dem Zweispitz zu erledigen. Durch die Dosierung der Hiebenergie kann dann auch mit unterschiedlicher Bearbeitungstiefe gearbeitet werden.

Das **Zahneisen** ist für die Oberflächenkorrektur geeignet, wenn nur geringfügige Unebenheiten beseitigt werden müssen. Dies ist vor allem bei Steinen mit geringer Schichtdicke angebracht oder wenn Trockenmauerwerk mit engen Fugen hergestellt werden soll. Auch für die Feinarbeit an den Stößen eignet sich das Zahneisen. Für die Bearbeitung des Steingesichtes ist das Zahneisen wegen der damit erzeugten Hiebspuren weniger geeignet.

Der **Fäustel** dient als Schlagwerkzeug für Spitz- und Zahneisen. Mit einem Gewicht von etwa 1,5 bis 2,0 kg wird er mit einer Hand geführt. Der Fäustel hat abgerundete Kanten und eignet sich auch zum Abschlagen von größeren Teilstücken.

Bearbeitung der Lagerfläche mit dem Zweispitz.

Bearbeiten eines Sandstein-Bruchsteines mit dem Bossierhammer. Vorsorglich sollte man dabei eine Schutzbrille tragen!

Klüpfel, Setzer und Zahneisen für die Bearbeitung von Hartstein.

Der **Klüpfel** wird ähnlich wie der Fäustel als einhändiges Schlagwerkzeug für Spitz- und Zahneisen eingesetzt. Der glockenähnliche Kopf des Klüpfels besteht aus Holz oder Hartkunststoff. Das Werkzeug wird dort eingesetzt, wo eine feinere Nacharbeit an den Steinkanten bei Weichgestein notwendig ist.

Die Hiebenergie lässt sich besser steuern als mit dem Fäustel aus Stahl.

Der **Bossierhammer** kann ein- und beidhändig bedient werden. Die beidseitig scharfkantigen Seiten der breiten Fläche werden zum Bossieren, d. h. zum Herstellen der Stoß- und Lagerkanten, genutzt. Die spitze Seite des Bossierhammers eignet sich zum Spalten von Steinen.

Mit dem **Handhammer**, auch **Maurerhammer** genannt, können Weichgesteine geformt werden. Mit der scharfkantigen Rückseite des Hammers können Steine bekantet werden. Allerdings nur dort, wo nur ein geringes Nacharbeiten erforderlich ist. Mit dem Handhammer lassen sich auch Weichgesteine spalten.

Für die Bearbeitung von härterem Gestein wie Granit, Porphyr oder Muschelkalk müssen Werkzeuge verwendet werden, die speziell geschmiedet oder mit Hartmetallschneiden versehen sind. Im Gegensatz zu den Werkzeugen für Weichgesteine werden vor allem stumpf zulaufende Spitzen, z. B. bei Spitzeisen und Zahneisen, verwendet. Für Bossierhammer, Zweispitz und Zahneisen gibt es Ausführungen mit Hartmetalleinsätzen.

Setzer oder **Spalteisen** sind bei Hartgestein zum Bossieren und Spalten geeignet. Man erzielt damit eine bruchraue Spaltfläche und an den Ansätzen eine scharfe Kante.

Zeitliche Abfolge der Steinbearbeitung

Hierbei sollte man systematisch vorgehen, um rationelles Arbeiten zu ermöglichen. Nachdem für eine bestimmte Schichthöhe ein Bruchstein mit passender Höhe aus der Steinsortierung ausgesucht wurde, geschieht die Bearbeitung in dieser Reihenfolge:

- Anzeichnen der Steinschichtung mit Kreide an der Steinvorderkante.
- Zunächst eine Lagerfläche mit dem Spitzeisen grob bearbeiten bis eine annähernd ebene Auflage sichergestellt ist. Wenn nur ein geringerer Abtrag notwendig ist, kann auch sofort mit dem Zweispitz gearbeitet werden.
- Um eine annähernde Parallelität der beiden Flächen zu erreichen, am Gesicht die gewünschte Steinhöhe anzeichnen; danach das Lager abspitzen bis die grobe Ebenflächigkeit erreicht ist.
- Nacharbeiten des Gesichts mit dem Spitzeisen. Dabei stets von außen zur Mitte hin arbeiten.
- Mit dem Bossierhammer oder Setzer die Stoßkanten herstellen. Diese sollen annähernd rechtwinklig zu den Lagerflächen stehen. Weniger Geübte zeichnen sich den Stoß mithilfe eines Winkels und Kreide an der Stoßfläche an.

Die genannten Arbeitsschritte beziehen sich auf das Herstellen von Schichtenmauerwerk.

Wenn lediglich hammerrechtes Bruchsteinmauerwerk hergestellt werden soll, wird meist nur mit dem Handhammer gearbeitet. Dabei entstehen natürlich Steine mit erheblich größeren Abweichungen bei den Lagern und Stößen. Bei der späteren Verarbeitung im Mauerwerk müssen dann die Lager mit Keilsteinen entsprechend stark ausgezwickt werden, um unverrückbare Verbindungen zu erreichen (vgl. auch Kap. „Aufmauerung“).

Ausrüstung, Hilfsmittel und Geräte

- Maurerschnur, elastisch.
- Gliedermeterstab, Bandmaß und Stahlwinkel.
- Richtlatte und Wasserwaage zur Höhenübertragung.
- Nivelliergerät (Alternativ zu Richtlatte und Wasserwaage).
- Bretter, gehobelt, 22 mm dick, Längen entsprechend der geplanten Mauerhöhe.
- Vorschlaghammer zum Eintreiben von Schnurnägeln oder Kanthölzern.
- Alternativ Stahlschnurnägel bei steinigem Untergrund.
- Schraubzwingen für Arretierung von Schnurgerüst und Schnurschlag.
- Kantholz für Schnurgerüst 8 × 8 cm, ca. 150 cm lang, gespitzt.
- Brechstange zum Anheben schwerer Steine.
- Holzdielen für Transportwege und Mauerbegrenzung.
- Eisenstäbe für die Bohlenfixierung.
- Schubkarre mit Wanne für den Transport von Schüttgut.
- Transportkarre für den Steintransport.
- Transportkarre mit manueller Hebeeinrichtung für schwere Steine.
- Schutzausrüstung, beispielsweise Handschuhe, Schutzbrille, Sicherheitsschuhe.
- Knieschoner und Erste-Hilfe-Box.
- Stehleiter für Aufbau Schnurgerüst.

Für die Erdarbeiten:

- Schaufel, Spitzhacke, Spaten und kräftige Hacke für den Fundamentaushub.
- Minibagger oder Radlader für den Erdabtrag bzw. zum Verfüllen.
- Handstampfer bzw. schmale Rüttelplatte oder Motorstampfer zum Verdichten der Hinterfüllung.

Bauvorbereitung, Fundamente und Aufmauerung

Hier werden die wichtigsten Inhalte zur Baustelleneinrichtung, zur Dimensionierung von Fundamenten und Mauerquerschnitten dargestellt. Darüber hinaus enthält das Kapitel die wesentlichen Vorgänge zur Verarbeitung der Steine als Vor- und Hintermauerung sowie Hinweise zur Eck- und Kronenausbildung.

Organisation des Mauerbaus

Vor dem Beginn des eigentlichen Mauerbaus stehen Überlegungen, die es zu berücksichtigen gilt, damit die Bauarbeiten selbst sicher, fachgerecht und zügig durchgeführt werden. Selbstverständlich muss geklärt sein, um welche Art von Mauern es sich im konkreten Fall handelt – ob Stützmauer oder frei stehende Mauer – und welche Mauerwerksverbände – Bruchsteinmauer, Schichtenmauerwerk oder Zyklopenmauer – erstellt werden sollen. Vorausgegangen sind natürlich Geländeaufnahmen und darauf aufbauend eine entsprechende Planung.

Falls eine Gesamtplanung nicht vorhanden ist, sollte man zumindest für den Mauerbereich eine Arbeitsskizze erstellen, aus der sich die Lage und die Höhen des Mauerwerks ergeben.

Im vorliegenden Fall (siehe Abb. 5) kann durchaus nach dem Vorentwurf gearbeitet werden.

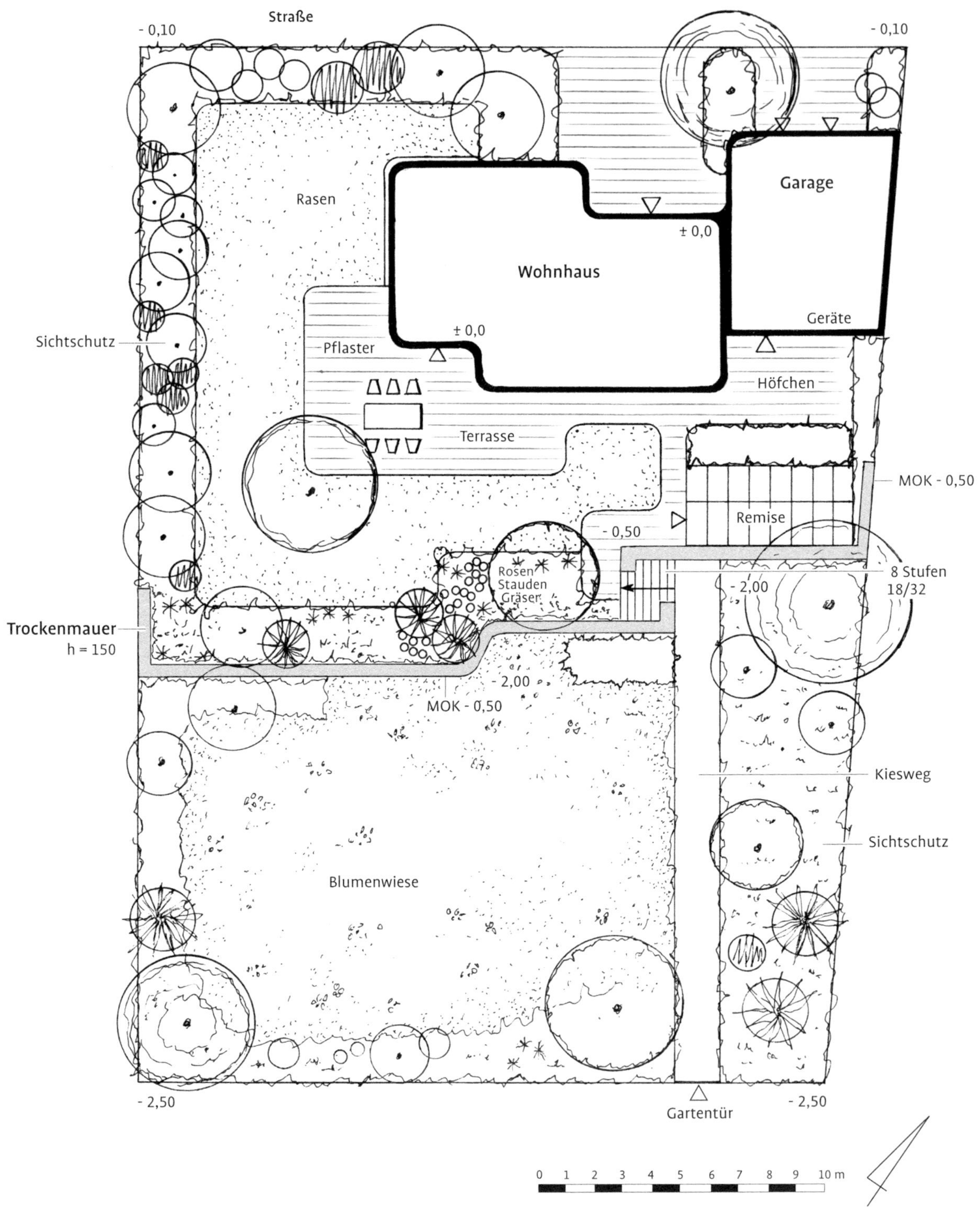

Abb. 5
Garten am Hang, die Trockenmauer wird als Stützmauer zur Sicherung der Aufschüttungen und zur Trennung der Gartenräume genutzt.

Selbstverständlich wird man daraus Werkpläne mit Details fertigen sowie anschließend Massenermittlung und Ausschreibung durchführen.

Für unser weiteres Vorgehen reichen aber die Planvorlagen aus. Fehlende Maße werden dem Plan entnommen und auf der Baustelle vor Ort festgelegt.

Das als Beispiel im Plan dargestellte nahezu 1000 m^2 große Grundstück weist einen Höhenunterschied von rund 2,50 m auf. Im Umgriff des Wohnhauses ist eine intensiv nutzbare und gepflegte Grünfläche mit Rasen, Ziergehölzen und Stauden geplant. Daraus entwickelte sich die Notwendigkeit einer Terrassierung.

Der südliche Gartenteil sollte eher naturhaft gestaltet werden. Blumenwiese und Sichtschutzpflanzung prägen diesen Bereich. Die Modellierung des Geländes ergab daher nicht unerhebliche Auf- und Abträge. Der Höhenunterschied von etwa 150 cm wird mit einer Mauerbastion mit integriertem Treppenlauf aufgefangen. Das Grundstück wurde vor der Bebauung ehedem als Weinberg genutzt. Als Reminiszenz daran entschloss man sich, das Mauerwerk als Trockenmauer zu erstellen. Aus dem alten Mauerwerk konnten sogar etwa 20 Tonnen Steine gesichert werden, die noch auf der Baustelle lagern.

Baustelleneinrichtung

Vor der Baustelleneinrichtung ist in jedem Fall das Gelände zu besichtigen. Dabei sollte vor allem der aktuelle Zustand kontrolliert werden. Müssen vor Beginn des Mauerbaus noch Geländemodellierungen vorgenommen werden oder ist das Rohplanum bereits vorhanden? Kann mit schwerem Gerät, z. B. mit Bagger oder Radlader, gearbeitet werden oder ist infolge fehlender Zufahrten ausschließlich Handarbeit notwendig.

Es ist darauf zu achten, dass der Arbeitsraum hinter den zukünftigen Mauern bei der Rohplanie, d. h. beim Auf- und Abtrag des Rohbodens, auf eine Tiefe von etwa 150 cm frei gelassen wurde. Von besonderer Bedeutung ist die Erkundung, ob bei den vorausgegangenen Erdarbeiten die Auffülllungen fachgerecht verdichtet wurden und ob der Verdichtungsgrad der Verfüllungen kontrolliert wurde. Im Zweifelsfall ist ein Prüfzeugnis zu verlangen, denn spätere Mängel am Mauerwerk rühren nicht selten von unsachgemäßer Verdichtung des Untergrundes her. Manchmal gelangen auch ungeeignete Verfüllmaterialien wie Reste vom Bau oder nasser, bindiger Boden in die Auffüllräume. Spätere Setzungen mit Mängeln bis hin zum Totalschaden sind dann vorprogrammiert!

Bei der Einrichtung der Mauer-Baustelle ist zu klären, wo sich möglichst in unmittelbarer Nähe die angelieferten Baustoffe oder bei der Erneuerung defekter vorhandener Mauern die abgebauten Steine lagern lassen. Außerdem ist zu klären, ob eventuell eine Unterkunft für die Arbeitskräfte notwendig ist, und wo Maschinen und Geräte diebstahlsicher gelagert werden können.

Schnurgerüst

Zunächst wird der jeweilige Mauerverlauf lagegemäß vor Ort festgelegt. Die Maße werden aus dem Plan entnommen oder örtlich ermittelt. Wenn alte Mauern erneuert werden sollen, ergibt sich die Lage aus deren Abmessungen. Maueranfang und Mauerende werden durch Pflöcke markiert und die Lage wird mit Schnurschlag fixiert. Jeweils etwa einen Meter außerhalb der Anfangs- und Endpflöcke wird ein Gerüst errichtet, an dem später

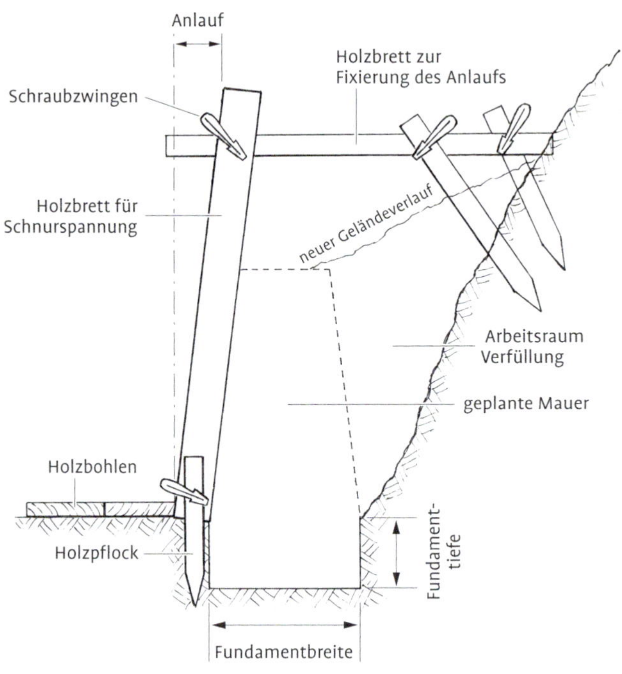

Abb. 6
Anlage Schnurgerüst und Fundamentbreite.

Hier wird eine defekte Mauer abgebaut, die Steine sind seitlich gelagert. Das Schnurgerüst für die neue Mauer steht bereits.

die Schnur für das Versetzen der Steine gespannt wird. Dabei wird wie folgt vorgegangen:

An der Basis der geplanten Mauer wird ein Holzpflock, bei steinigem Boden auch ein Profilstahl, eingeschlagen. Anschließend wird an der Hangoberseite ein ausreichend langes Brett annähernd waagerecht an zwei im Boden eingeschlagenen Kanthölzern mit Schraubzwingen befestigt. Zur besseren Stabilität kann auch noch zusätzlich seitlich über Kanthölzer ein im Boden befestigtes Brett oder Kantholz angebracht werden.

Danach wird die eigentliche Schnurlehre als mit Anlauf versehenes Brett am Kantholz an der Mauerbasis und am vorher angebrachten waagerechten Brett mit Schraubzwingen fixiert. Die Schnur kann dann auf der Lehre entsprechend der jeweiligen Stein-Schichtdicke mit Schraubzwingen gespannt werden. Nun lässt sich auch am Schnurgerüst die geplante Höhe der Mauer festlegen.

Bauvorbereitung

- Erkundung der Verhältnisse auf der Baustelle, unter denen die Leistung erbracht werden soll. Besonderer Wert ist dabei auf die Erfassung von Aufschüttungen oder Grabenverfüllungen zu legen.
- Erkundung über die Verdichtungsleistung der Aufschüttungen und Verfülllungen. Im Zweifelsfall ist nicht ausreichend verdichteter Baugrund neu zu verfüllen und lagenweise zu verdichten.
- Kontrolle der Tragfähigkeit durch Plattendruckversuch.
- Sicherung von Zufahrten und Lagerplätzen für die Bauzeit.
- Einmessen der Trockenmauern nach Lage und Höhe.
- Erstellen des Schnurgerüstes.

Mauerhöhe und Fundamentabmessungen bei Stützmauern und frei stehenden Mauern

Grundsätzlich ist davon auszugehen, dass Stützmauern zur Erhöhung der Stabilität mit einem Anlauf von 10 bis 20 % herzustellen sind. Die Mauerbreite am Mauerfuß ist bedeutsam für die Stabilität des Gesamtbauwerkes. Es ist sicher einleuchtend, dass die Breite einer Trockenmauer an der Basis mit der Mauerhöhe zunehmen muss. Die Erfahrungswerte alter Feldmaurer sagen aus, dass unter normalen Bedingungen bei Mauern unter 150 cm Höhe eine Fundamentbreite von 30 bis 50 cm ausreicht. Andere Werte gehen, bezogen auf die Mauerhöhe von 30 bis 40 % für die Fundamentbreite aus.

Bei Mauerhöhen von 150 cm ergäbe das Fundamentbreiten von 45 bis 60 cm. Diese Werte liegen also nicht weit auseinander. In den Empfehlungen für Planung, Bau und Instandhaltung von Trockenmauern der Forschungsgesellschaft für Landschaftsentwicklung und Landschaftsbau (FLL) werden jedoch andere Werte genannt. Auf der Grundlage der Kriterien Steinwichte, Reibungswinkel des anstehenden Bodens, Anlauf und Profilgestaltung der Mauer selbst sowie der Geländeneigung des zu stützenden Bodens wurden dort Diagramme errechnet. Für Trockenmauern von 50 bis 300 cm Höhe sind bei unterschiedlichen Werten der genannten Parameter die jeweils erforderlichen Fundamentbreiten dargestellt. Zu berücksichtigen ist allerdings, dass die Anwendung der Diagramme die Ermittlung des Reibungswinkels der Böden voraussetzt.

Tab. 2 Erforderliche Fundamentbreiten in Zentimetern in Abhängigkeit von der Mauerhöhe bei Trapezprofil und verschiedenen Bodenarten, Steinwichte 20 kN/m³ (26 kN/m³), Maueranlauf 10 % (20 %), Geländeneigung 20 Grad

Mauerhöhe	Boden stark bindig, z. B. Tonboden	Boden schwach bindig bis bindig, z. B. Lehmsand, Lehm	Boden nicht bindig, z. B. Sande und Kiesböden
50	80 (50)	45 (30)	20 (20)
100	120 (70)	65 (45)	40 (30)
150	160 (90)	100 (60)	60 (40)
200	200 (120)	120 (70)	80 (45)
250	240 (140)	140 (85)	100 (50)
300	280 (165)	170 (100)	120 (60)

Unter Berücksichtigung der Daten der FLL-Empfehlungen wurde eine stark vereinfachte Darstellung entwickelt, die als Orientierung bei der Abmessung der Fundamente dienen soll.

Vergleicht man die Erfahrungswerte mit den Daten der Tabelle 2, so ist festzustellen, dass diese bis zu einer Höhe von etwa 150 cm denen der Tabelle für schwach bindige und nicht bindige Böden annähernd vergleichbar sind. Für die Steinwichte von 20 kN/m³ kommen nur vergleichsweise leichte Gesteine wie Tuff oder nicht kristalline Sandsteine, für 26 kN/m³ Granit oder Muschelkalk in Frage.

Erstaunlich ist aber die Tatsache, dass bei stark bindigen Böden und geringer Steinwichte Fundamentbreiten gefordert werden, die nahezu der Höhe der Mauer entsprechen.

In den meisten Fällen dürften die Tabellenangaben für schwach bindige und bindige Böden für die praktische Anwendung zutreffen.

Wir raten bei Trockenmauern mit Höhen über 150 cm, auch unter Abwägung des Risikos bei umfangreichen Projekten, einen Statiker zu Rate zu ziehen.

Fundamentbreite für frei stehende Mauern

Fundamentbreiten für frei stehende Mauern können sehr viel geringer dimensioniert werden, da sie keine Stützlasten übernehmen müssen. Weil davon auszugehen ist, dass diese Mauern doppelhäuptig auszubilden sind, ergibt sich die Mindestbreite an der Mauerkrone mit 40 bis 50 cm. Die Fundamentbreite ist dann ohne Anlauf so breit wie die Mauerkrone. Ein- oder zweiseitiger Anlauf erhöht dann entsprechend der Mauerhöhe die Fundamentbreite.

So ist für eine doppelhäuptige Mauer bei einer Höhe von 200 cm mit beidseitig 10 % Anlauf ein Fundament von 50 + 40 cm, also 90 cm erforderlich.

Fundamenttiefe

Für starres Mauerwerk aus Beton oder vermörtelte Steine ist es notwendig, das Fundament so tief in das Erdreich einzuschultern, dass auch bei strengem Frost die Fundamentsohle nicht gehoben und damit das Mauerwerk beschädigt werden kann. In Abhängigkeit von den klimatischen Verhältnissen geht man von einer Tiefe von 80 bis 120 cm aus. Trockenmauern sind diesbezüglich wesentlich unempfindlicher, weil sie ein labiles Gefüge besitzen und durch Frost verursachte Bewegungen bis zu einem gewissen Grad tolerieren ohne Schaden zu nehmen. Im Regelfall gründet man das Fundament bei Trockenmauern auf eine Tiefe von 40 bis 60 cm, an den Mauerecken mindestens 60 cm.

Fundamentsohle

Der Boden des Fundamentes darf sich durch die Auflast des Mauerwerkes nach der Fertigstellung nur noch geringfügig senken. Besonders schädlich wirken sich dabei Bewegungen der Fundamentsohle nach vorn aus. Es wird deshalb empfohlen, die Fundamentsohle zum Hang hin zu neigen. Die meisten Böden sind ausreichend tragfähig, wenn sie ihre natürliche Lagerungsdichte aufweisen. Man spricht dann von gewachsenem Boden. Wenn Trockenmauern im Siedlungsbereich erstellt werden sollen, ist aber fast immer davon auszugehen, dass die Böden durch Aufschüttungen oder Abträge im Rahmen des Baubetriebes gestört sind. Darauf wurde bereits bei der Baustelleneinrichtung hingewiesen. Falls die Lagerungsdichten der Aufschüttungen geprüft wurden, sollten eine Lagerungsdichte von mindestens 0,92 D_{Pr} und eine Tragfähigkeit von 30 MN gewährleistet sein. Diese Werte entsprechen annähernd denen eines ungestörten Bodens. Im Zweifelsfall ist eine Prüfung des Untergrundes durch ein Erdlabor durchzuführen. Trockenmauern auf losem Untergrund stürzen schon nach kurzer Zeit ein!

Unabhängig davon wird man nach erfolgtem Aushub des Fundamentes die Sohle verdichten. Und zwar bei bindigem Boden mit einem leistungsfähigen Stampfer und bei nicht bindigem Boden mit einer Rüttelplatte. Bei der Verdichtung des bindigen Bodens ist darauf zu achten, dass der Wassergehalt zum Zeitpunkt der Verdichtung nicht zu hoch ist, denn dann wird der Boden weich und schwammig und der Verdichtungseffekt verpufft an der Oberfläche. Die Verdichtungswirkung der meisten Geräte reicht ohnehin kaum mehr als 30 cm tief.

Fundamentaushub

Wenn der Fundamentaushub von Hand erfolgt, empfiehlt es sich, entlang der Mauerbasis die Fläche einzuebnen, anschließend eine Schnur zu spannen und daran Holzdielen auszurichten. Die Dielenhinterkante schließt genau an der geplanten vorderen Fundamentkante ab. Die Fixierung der Dielen erfolgt dann an der Dielenvorderkante mittels Eisenstäben.

Es erscheint zweckmäßig, nicht nur eine, sondern mehrere Dielen so zu verlegen, damit für die spätere Steinarbeit ein bequemeres Gehen und damit auch bessere Arbeitssicherheit gegeben ist.

Wenn der Fundamentaushub mit dem Bagger erfolgen kann, geht man ähnlich vor. Der zukünftige Fundamentgraben wird dann nur mit Sägemehl oder Sand entlang der Schnur abgestreut. Anschließend werden die Seitenwände mit dem Spaten abgestochen und die Dielen verlegt und fixiert.

Bei Stützmauern sollte die Fundamentsohle mit Gefälle zum Hang geneigt werden. Das erhöht die Stabilität der Mauer und sorgt dafür, dass auf der Fundamentsohle das Wasser ablaufen kann.

Problematisch sind stark bindige Böden, die bei Wasseransammlungen breiartig werden und erheblich an Tragfähigkeit verlieren können. Für sol-

Das Fundament wird entlang der Bohlen ausgehoben.

Das Fundament ist ausgehoben und an den Bohlenvorderkanten abgestochen. Die Steine für das Fundament lagern in Griffweite.

Das Fundament wird vermauert; hier sollten – wie auf diesem Bild – möglichst große Steine verwendet werden.

Fundierung von Trockenmauern

- Fundamentgraben mindestens 40 cm tief, an den Ecken 60 cm, ausheben.
- Fundamentsohle auf etwa 2 cm einplanieren und verdichten.
- Mindesttragfähigkeit E_{V2} 30 MN.
- Mindestlagerungdichte D_{Pr} 0,92.
- Fundamentbreite in Abhängigkeit von Mauerhöhe, Bodenart, Steinwichte und Hangneigung festlegen.
- Möglichst große Steine für die Fundamentaufmauerung verwenden.

che Fälle sollte ein schlämmstoffarmes Mineralgemisch der Körnung 0/32, das als Frostschutzbaustoff qualifiziert ist, in einer Dicke von 15 bis 20 cm eingebracht und verdichtet werden. Das Fundament ist dann um diese Schicht tiefer auszuheben.

Wenn die Krone der geplanten Mauer eine Steigung von weniger als 20 bis 25 % aufweisen soll, kann die Fundamentsohle mit der gleichen Neigung hergestellt werden. Bei stärkeren Neigungen der Mauerkrone ist die Fundamentsohle waagerecht abzutreppen.

Wenn Trockenmauern mit Anlauf hergestellt werden, dann sind die Steine mit dem Gesicht im rechten Winkel zum Lager herzurichten. Der Einbau erfolgt dann über das Schnurgerüst entsprechend dem Anlauf. Das gilt auch für das Vermauern der Fundamentsteine.

Beim Fundament kommt es darauf an, möglichst große Steine für die Aufmauerung zu verwenden, damit eine optimale Druckübertragung auf die Fundamentsohle gewährleistet ist. Bereits im Fundament ist die gesamte Mauerbreite mit einer Hintermauerung zu versehen. Nachdem die ersten Fundamentsteine fluchtgerecht gesetzt wurden, sind diese zu verkeilen und in die Hintermauerung einzubinden (vgl. Kap. „Schichten und Hintermauerung“).

Aufmauerung

Bei der Aufmauerung sind einige Regeln zu beachten, die aus statischen Gründen immer einzuhalten sind:

- Kreuzfugen vermeiden; an den Wechselsteinen nie mehr als zwei Steine übereinander anordnen.
- Wechselsteine im Gesicht maximal quadratisch, besser rechteckig.
- Stets ausreichende Überbindung der Einzelsteine, mindestens 10 cm oder ein Viertel der Steinlänge.
- Kronen-Abschlusssteine dem Geländeverlauf anpassen.
- Für Eckausbildungen und Mauerkrone möglichst große Steine verwenden.
- Mauersteine möglichst in rechteckigen Formaten wählen.
- Ausreichend Bindersteine, mindestens 10 bis 20 % Anteil, verarbeiten.

Eckaufmauerung

Die Eckaufmauerung muss besonders sorgfältig durchgeführt werden. Jede Schicht wird mit einem Eckstein begonnen. Man sucht sich einen Stein in der Höhe der geplanten Schicht. Die Bearbeitung erfolgt zunächst wie unter „Steinbearbeitung“ (siehe S. 31) beschrieben. Man richtet zunächst die beiden Lagerflächen. Danach schlägt man den Anlauf in das Gesicht des Steines, sodass die beiden Lager waagerecht verlaufen. Notwendig ist dies,

Der Anlauf des Ecksteines wird in das Gesicht geschlagen.

Die langen und kurzen Seiten der Ecksteine werden wechselweise eingebunden.

weil sonst die Fugen einer Mauerecke an den Ecksteinen nach unten fallen würden. Die anschließenden Steine können in der Folge dann wieder rechtwinklig gerichtet und schräg vermauert werden.

Die längeren und kürzeren Seiten der Ecksteine sollten wechselweise eingebaut werden, um eine gute Verzahnung mit dem anschließenden Mauerwerk zu erreichen.

Fertiggestellte Eckaufmauerung.

Sorgfältig in bestehendes Mauerwerk eingearbeitete Eckaufmauerung. In der mittleren Schicht reicht allerdings die Überbindung im Anschluss nicht aus.

Schichten und Hintermauerung

Wenn die Ecksteine gesetzt sind, kann die Schnur am Schnurgerüst in der entsprechenden Höhe – wenige Zentimeter über der vorgesehenen Schichthöhe – eingerichtet werden. Die Orientierung der Mauerflucht geschieht immer an den Stößen, um einen möglichst exakten Mauerverlauf zu sichern. Danach entnimmt man die der Schichthöhe entsprechend sortierten Steine und setzt diese entlang der Schnurkante. Jeder Stein wird vorgerichtet und angepasst. Das Aussuchen des jeweils nächsten Steines gehört zur „Hohen Schule" des Trockenmauerns. Dabei wird die Auswahl erleichtert, wenn die Steine mit dem Gesicht nach oben lagern. Neben der Dicke ist es aber auch wichtig, die richtige Länge des neu zu setzenden Steines auszusuchen, damit eine ausreichende Überbindung zur Stoßfuge der darunter liegenden Steinlage erreicht wird. Nach dem Herrichten des jeweiligen Steines wird dieser auf den Steinen des Fundamentes oder der darunter liegenden Mauerschicht aufgelegt und die Lage geprüft. Wenn er noch nicht satt und verzahnend liegt, sind eventuell noch vorhandene Unebenheiten abzuspitzen. Größere Abweichungen, die nicht durch eine

Aufmauerung der Trockenmauern

- Die Aufmauerung beginnt immer an den Ecken.
- Für die Ecken möglichst große Steine verwenden.
- Bei Mauern mit Anlauf Neigung in das Gesicht einarbeiten.
- Regelmäßige Kontrolle der Schichten mit Schnurgerüst.
- Ansicht- und Hintermauerung schichtweise gemeinsam durchführen.
- Ausreichend Bindersteine in die Hintermauerung einfügen.
- Hintermauerung senkrecht anordnen und auszwicken.
- Sichtsteine von hinten verkeilen.
- Auf ausreichende Überbindung achten.

Auf die Fundamentschicht soll nun die erste Steinreihe gesetzt werden. Diese kann zunächst auch ohne Schnur an der Bohlenkante ausgerichtet werden. Später ist mit jeder weiteren Schicht die Schnur zu spannen.

Die Hintermauerung erfolgt schichtweise; dabei werden die Sichtsteine von hinten verkeilt.

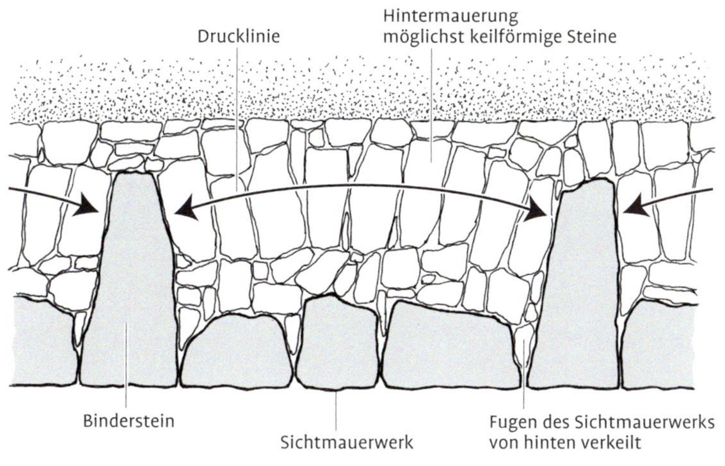

Abb. 7
Schematische Darstellung von Sicht- und Hintermauerung (Draufsicht).

weitere Bearbeitung ohne die Veränderung der Schichthöhe beseitigt werden können, sind durch Verzwicken mit Keilsteinen von der Rückseite her auszugleichen. Zuletzt muss der gesetzte Stein satt aufliegen, damit er eine stabile Basis für die darüber liegende Schicht sichert.

Bei der Auswahl der Steine sollte man solche mit großer Einbindetiefe, die sogenannten Bindersteine, nicht vergessen. Diese müssen möglichst weit in die Hintermauerung reichen, um die Vormauerung wie Anker mit dieser zu verbinden.

Während die Mauervordersteine neben der Stabilität das Gesicht der Mauer prägen, also eher auch ästhetische Bedeutung haben, ist die Hintermauerung vor allem für die Stabilität des Trockenmauer-Bauwerks wichtig. Die meisten Schäden an Trockenmauern sind auf unzureichend gefügte oder zu gering dimensionierte Hintermauerungen zurückzuführen. Vor Beginn der Hintermauerung sollte man noch jeweils die Flucht der Vormauerungsschicht mit der Schnur, aber auch mit einem gewissen Abstand von der Mauer, mit dem Auge überprüfen. Korrekturen der Flucht können dann noch erfolgen; nach Fertigstellung der Hintermauerung ist dies kaum noch möglich.

Bei der Hintermauerung werden die Steine, im Gegensatz zu den Steinen in der Vorderansicht, möglichst hochkant gestellt und zwar mit der größeren Sichtfläche nach unten. Die Steine sind dicht an dicht zu stellen und mit kleineren Steinen zu verkeilen. Zwischen den Bindersteinen wird durch das Verkeilen die gewünschte Spannung erreicht. Die elementare Bedeutung der Bindersteine wird hier sehr deutlich. Zudem muss man darauf achten, dass die Lücken der Sichtmauersteine von hinten mit verkeilt und damit in das Mauerwerk eingebunden werden. Die Hintermauerung sorgt auch in gewisser Weise für die Ableitung des Hangwassers, so lange keine Bodenteilchen eingeschlämmt werden. Die Aufmauerung und die Hintermauerung sind Schicht für Schicht gemeinsam zu fertigen.

Mauerkrone

Mauerabschlüsse können einerseits mit waagerechten Steinen ausgeführt werden, sodass sich in der Ansicht keine Änderungen ergeben. Aus Gründen der Stabilität sollten aber hier besonders schwere Steine verwendet werden. Da die Hintermauerung auch bis zur Mauerkrone hochgezogen werden muss, sollte die Hintermauerung ebenfalls mit möglichst großen

Sauber dimensionierte Mauerkronensteine aus Muschelkalk. Gut erkennbar sind die häufigen Wechsler. Die Abschlusssteine wurden trapezförmig ausgerichtet.

Waagerechte Mauerkrone als Rollschicht. Die Stabilität wird durch gelegentliches Einbinden in die darunter liegende Schicht erhöht.

Steinen hergestellt und ausgezwickt werden. Im Idealfall reichen die Mauerabschlusssteine mindestens zum Teil auf die Hintermauerung hinaus. Das Abtreppen der Mauerkronen sollte möglichst vermieden werden, da die dann im Einzelfall herausstehenden Wangen kaum zu hintermauern sind. Es sei denn, man kann in diesem Bereich eine zweihäuptige Mauer, die über die Stützwand hinausreicht, herstellen.

Muss der Mauerabschluss mit dem Gelände verlaufen, sind die einzelnen Abschlusssteine mit der Steigung in Trapezform zu richten. Dazu ist von Zeit zu Zeit ein Wechsler erforderlich.

Bewährt hat sich auch eine Abdeckung als Rollschicht. Dazu werden relativ schmale Steine hochkant auf die letzte Mauerschicht gestellt und gelegentlich in Aussparungen der letzten Steinschicht eingebunden.

Was ist bei der Kronenausbildung zu beachten?

- Bei schrägem Kronenverlauf keine Abtreppung herstellen.
- Möglichst wuchtige Kronensteine verwenden und bei Bedarf trapezförmig zuschlagen.
- Kronenausbildung als Rollschicht mit senkrecht gestellten Steinen.
- Rollschicht in die darunter liegende Steinschicht gelegentlich einbinden und auszwicken.

Am Maueranfang und Mauerende sollte jeweils ein schwerer Stein angeordnet werden. Die Rollschicht kann dann durch Verkeilen mit Zwickeln auf Spannung gebracht und damit die Stabilität erhöht werden. Die Rollschicht bietet sich besonderes bei zweihäuptigen Mauern an. Eine Mauerabdeckung als Rollschicht ist nur zu akzeptieren, wenn das verwendete Steinmaterial absolut frostsicher ist.

Hinterfüllung

Gleichzeitig mit der Aufmauerung sind Trockenmauern zu hinterfüllen. Bei den klassischen Weinbergsmauern geschieht das im Regelfall mit dem anstehenden Rohboden (vgl. Abb. 1), d. h., im Anschluss an die Hintermauerung wird der Boden in Lagen eingebaut und verdichtet. Infolge des oft gering dimensionierten Arbeitsraumes gelangt dort meist der Handstampfer zum Einsatz. Man kann aber davon ausgehen, dass eine Hinterfüllung ausschließlich mit Handstampfer nur eine unzureichende Lagerungsdichte des Füllstoffes zur Folge hat. Beim Einsatz von Motorstampfern besteht aber die Gefahr der Verschiebung der Hintermauerung. Es erscheint deshalb sinnvoll, die Hinterfüllung zunächst nicht bis an die Hintermauerung heranzuführen und diesen Teil mit dem Motorstampfer zu verdichten. Der schmale Zwischenraum zur Hintermauerung kann dann von Hand verdichtet werden.

Natürlich ist darauf zu achten, dass beim Verdichten die Steine der Hintermauerung nicht durch Überfahrung verschoben werden. Die Hinterfüllung mit Rohboden erscheint vor allem bei stark bindigen Böden nicht ganz problemlos, ist doch davon auszugehen, dass durch Hangwasser gelöste Bodenteilchen zunächst in die Hintermauerung und letztlich in die Vormauerung eingeschlämmt werden. Mit Erde gefüllte Lagerfugen von Trockenmauern gefährden aber die Stabilität von Trockenmauern langfristig, weil es durch Frosteinwirkung zu Lockerungen einzelner Steine im Verband und darauf folgend zu Ausbauchungen und Mauereinstürzen kommen kann.

Aus diesem Grund wird in den Empfehlungen der FLL gefordert, dass Stoffe für die Hinterfüllung dränfähig und filterstabil sein sollen. Sie sollen also anfallendes Hangwasser nicht in die Mauer, sondern nach unten ableiten können. Darüber hinaus sollen sie, bedingt durch ihre Sieblinie, verhindern, dass Boden in die Verfüllung eingeschlämmt werden kann. Außerdem darf auch kein Material der Hinterfüllung in die Trockenmauer eingetragen werden. Im Grunde genommen müssten zum Erreichen dieser Forderung mehrere kornabgestufte Gemische berücksichtigt werden, was sich in der Praxis kaum durchsetzen dürfte. Sicher ist ein schlämmstoffarmes Mineralgemenge der Körnung 0/32 wie ein „Kombiniertes Frostschutz-Tragschicht-

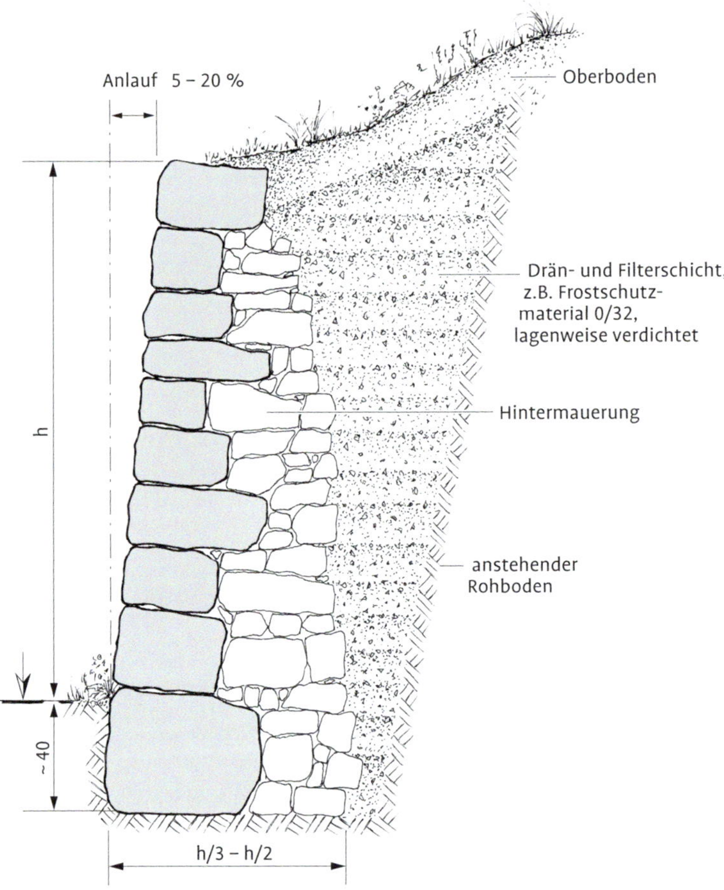

Abb. 8
Stützmauer mit Hinterfüllung aus filterstabiler Dränschicht.

gemisch“ (KFT) für die Hinterfüllung ein Kompromiss, der ausreichend Entwässerung und Filterfunktion sicherstellt. Ein weiterer Vorteil dieser Lösung besteht auch darin, dass die Verdichtungswilligkeit dieses Gemenges günstiger zu bewerten ist. Im Notfall kann hier auch durch Einschlämmen ausreichend verdichtet werden. In der Praxis wird auch mit Geovlies als Filter zwischen Hintermauerung und Hinterfüllung gearbeitet. Von den traditionellen Feldmaurern wird dies aber mit dem Hinweis abgelehnt, dass Vliese durch Mäusefraß beschädigt werden können.

Vielleicht beruht diese Ablehnung aber auch auf dem mehr emotional bedingten Widerspruch der Verwendung von Kunststoff mit Naturstein. Mit einer gewissen Berechtigung wird auch darauf hingewiesen, dass alte Trockenmauern über Jahrhunderte ihre Stabilität auch ohne Geovlies bewiesen haben.

Hinterfüllung von Stützmauern

Die Hinterfüllung soll sicherstellen, dass kein Boden in das Mauerwerk eingeschlämmt werden kann.
Die Hinterfüllung soll Wasser ableiten und als Filter wirken.
Aus der Hinterfüllung soll kein Austrag der Feinstoffe in das Mauerwerk erfolgen.
Als Drän-Filterschicht ist KFT 0/32 geeignet.
Die Hinterfüllung soll mit dem Mauerwerk schichtweise eingebaut und verdichtet werden.

Beispiele von Stützmauern in Grünflächen und in der Landschaft

Im folgenden Abschnitt wird gezeigt, wie an konkreten Beispielen Stützmauern für Grünflächen im Bereich der Bebauung, aber auch in der freien Landschaft, neu hergestellt oder erneuert werden.

Bastion im Obstgarten

Ursprünglich war diese Fläche eine am Hang gelegene Obstwiese. Inmitten dieser Wiese entstand ein Kleinod für die Naherholung. Der überdachte Sitzplatz mit Pergola bietet den Rahmen für erholsamen Aufenthalt, Ruhe und Entspannung. Die Möglichkeit dazu entwickelte sich aber erst durch die Bastionen der Trockenmauern. Es entstanden ebene, nutzungsfreundliche Flächen für Terrasse und üppige Staudenvegetation. Die Mauern aus

Schon im zeitigen Frühjahr kann man diesen Sitzplatz nutzen. Der Garten wird geprägt durch ausdrucksstarke Trockenmauern und später im Sommer durch üppige Staudenpflanzungen und schattige Bereiche.

Die Farben des Herbstes findet man auch in den Steinen der Trockenmauern.

Mit Stauden bepflanzter Pfeiler aus Schichtenmauerwerk, handwerklich überzeugend.

Stubensandstein bestechen durch saubere Fügung, wuchtige Mauerkronen und vorbildliche Eckaufmauerungen. Die spärliche Vegetation in den Fugen mit *Sempervivum*-Arten lockert die Mauerfläche angenehm auf. Sie wird sich aber im Lauf der Jahre noch stärker entwickeln und dann die Dominanz der Mauern wohltuend mildern können. Die Mauerbastion erzeugt durchaus eine gewisse Schutzfunktion, sie bietet in dem Hang feine Nutzflächen und passt mit dem Ambiente der farbenfrohen Sandsteine in diese erlebnisreiche Landschaft.

Auch an die Bewohner von Felsspalten hat man gedacht. Der als Rundling geformte Lesesteinhaufen bietet nicht nur Lebensraum für Insekten, Höhlenbrüter und Amphibien sondern setzt auch einen gestalterischen Kontrapunkt zu den waagerechten Strukturen von Mauern und Gebäude. Wer wünscht sich nicht so ein kleines Paradies!

Mauern begleiten den Fahrweg

Häufig entstehen in hängigem Gelände hangseitig den Weg begleitende Mauern, um für die Ebene der Fahrbahn Raum zu schaffen. Solche Situationen sind nicht nur in Weinbergen, sondern auch bei Obstkulturen oder im Siedlungsbereich häufig zu finden. Das hangseitig liegende Grundstück kann dann meist nur über Treppenanlagen zu Fuß erreicht werden. In diesem Fall war diese Situation in einem Weinberg gegeben. Um zukünftig das Grundstück auch mit Fahrzeugen oder Geräten erreichen zu können,

Rechte Seite: Verarbeiten großformatiger Fundamentsteine an der Bergseite der neuen Zufahrt.

Das bergseitige Mauerwerk ist fast bis auf die Geländehöhe hoch gemauert. Die Anschlüsse an das alte Mauerwerk fehlen noch.

Versetzen großformatiger Steine mit dem Bagger.

stellte sich die Aufgabe, durch das bestehende Mauerwerk hindurch eine Zufahrt zu schaffen.

Dazu wurde zunächst das vorhandene Mauerwerk auf der Länge für den geplanten Fahrweg einschließlich der Anschlüsse abgebaut. Die Steine wurden abgetragen, für die Wiederverwendung sortiert und auf Paletten gelagert.

Anschließend wurde eine Rampe schräg zur Falllinie in das Grundstück geschoben. Bei dem Aushub konnten auch die für die späteren Mauern notwendigen Arbeitsräume geschaffen werden. Diese Arbeiten wurden zeitsparend mit einem kleinen, wendigen Radlader durchgeführt. Beidseitig der Rampe entstanden infolge des Erdabtrages Höhenunterschiede von bis zu 160 cm. Nun war es notwendig, die hangseitig und talseitig entstandenen Abbrüche mit Trockenmauern zu sichern und Anschlüsse an das vorhandene alte Mauerwerk herzustellen.

Zunächst wurde die hangseitige Mauer in Angriff genommen. Dabei war zu klären, ob der Fugenverlauf des geplanten Schichtenmauerwerkes waagerecht oder mit dem Gelände verlaufen sollte. Da die Geländeneigung weniger als 25 % betrug, entschloss man sich, die Fugen mit dem Gelände laufen zu lassen. Damit konnte die zeitraubende Bearbeitung der Mauerkronensteine in Trapezform eingespart werden. Die Mauerkrone schloss dann trotzdem mit der Geländekante ab.

Aufgrund der durch den Fahrbetrieb zu erwartenden Belastung wurde versucht, an den Übergängen zum bestehenden alten Mauerwerk sowie bei den Fundamentsteinen und an den Mauerenden mit besonders großen, wuchtigen Formaten zu arbeiten. Das Versetzen dieser Einzelsteine von etwa 400 bis 500 kg musste natürlich mit einem Hebegerät, in diesem Fall mit einem Bagger, erfolgen.

Das talseitige Mauerwerk schließt mit der Höhe der neuen Zufahrt ab.

Zufahrt mit den neuen Trockenmauern. Die Anschlüsse sind nun beidseitig an das vorhandene Mauerwerk hergestellt.

Die talseitige Mauer konnte ebenfalls in den Fugen mit dem Geländeverlauf gefertigt werden.

Insgesamt wurden alle Steine des Abbruches wieder verwendet, darunter ein Stein mit der Jahreszahl 1830. Die meisten großen Formate wurden neu beschafft und stammten aus Abbrüchen von Gebäuden. Kritisch könnte angemerkt werden, dass die zusätzlich beschafften Steine infolge der Bearbeitung deutliche Farbunterschiede zum ursprünglich bestehenden Sandstein aufweisen. Allerdings ist anzunehmen, dass durch Verwitterung eine gewisse Harmonisierung eintreten wird. Insgesamt entstand beiderseits der neuen Zufahrt ein Schichtenmauerwerk mit attraktiven Wechslern, das sich harmonisch in die Weinbergslandschaft einfügt.

Ein nicht alltäglicher Kreisverkehr

An den Kreuzungspunkten mehrerer Straßen wird zunehmend auf den Bau von Kreisverkehrsanlagen zurückgegriffen. Die Vorteile solcher Einrichtungen sind darin zu sehen, dass unter bestimmten Voraussetzungen der Verkehrsfluss gesteigert werden kann. Darüber hinaus passieren infolge der geringeren Geschwindigkeit und der übersichtlichen Verkehrslage weniger schwere Unfälle. Gegenüber einer Ampelregelung sind geringere Wartungskosten und weniger Abgasbelastung zu erwarten. Damit ein Zwang für die Fahrt im Kreis gesichert ist, muss die innere Fläche des Kreises so gestaltet werden, dass Abkürzungen durch den Kreis nicht möglich sind. Diese Forderung wird meist durch eine Überhöhung der Kreisfläche als Erdhügel, durch geeignete Bepflanzung oder andere Hindernisse erreicht.

Im vorliegenden Fall, dem Dürrbachkreisel in Hedelfingen, entschloss man sich, eine attraktive Staudenpflanzung in Verbindung mit einer Spirale aus heimischem Sandstein als Trockenmauerwerk zu schaffen. Die Mauerführung als Spirale bot sich an mit dem Ziel, optisch die Funktion des Kreisverkehrs zu verstärken. Die Anforderungen an die Umsetzung der Idee stellte aber die ausführende Firma, insbesondere in Verbindung mit dem Rundmauerwerk, vor eine schwierige Aufgabe. Erschwerend kamen Behinderungen durch den fließenden Straßenverkehr in Verbindung mit der Organisation, der Baustelleneinrichtung, der Materialanlieferung und der Verkehrssicherung hinzu.

Auf der Grundlage des vorliegenden Planes konnte zunächst die Grundplanie der Gesamtfläche einschließlich der ersten Überhöhung des inneren Ringes durchgeführt werden. Als Schüttung diente verdichtungswilliges Mineralgemenge mit der Bezeichnung KFT 0/45. Es handelt sich dabei um ein Gemenge mit einem begrenzten Null-Anteil, das als **K**ombinierte **F**rostschutz- und **T**ragschicht verwendet wird. Das Material ist infolge der abgestimmten Sieblinien geeignet, kapillar aufsteigendes Wasser zu verhindern und Oberflächenwasser an den Untergrund weiter zu leiten. Insofern ist es als Hinterfüllung und Trockenmauer-Fundament sehr gut geeignet. Die Stoffe wurden in Lagen eingebracht und mit Motorstampfer verdichtet. Die äußere Ringfläche wurde zur Aufnahme der späteren Vegetationstragschicht etwa 20 cm tiefer eingeebnet. Es entstand dabei auch ein tragfähiger Untergrund für Baustellenfahrzeuge, die ja in der Folge für die Baustelle erforderlich waren, aber aus Gründen der Verkehrssicherung nur kurzfristig außerhalb der Ringfläche verweilen durften. Das Mineralgemenge bleibt aber trotz der notwendigen Verdichtung ausreichend wasserdurchlässig, sodass die später dort vorgesehene Vegetation ohne Staunässe im Untergrund etabliert werden kann.

Auf der ersten Überhöhung im Innenraum konnten dann per Kranfahrzeug die Bruchsteine so gelagert werden, dass sie von dort unmittelbar entnommen und bearbeitet werden konnten. Bei den weiteren Arbeiten im

Abb. 9
Dürrbachkreisel in Hedelfingen.

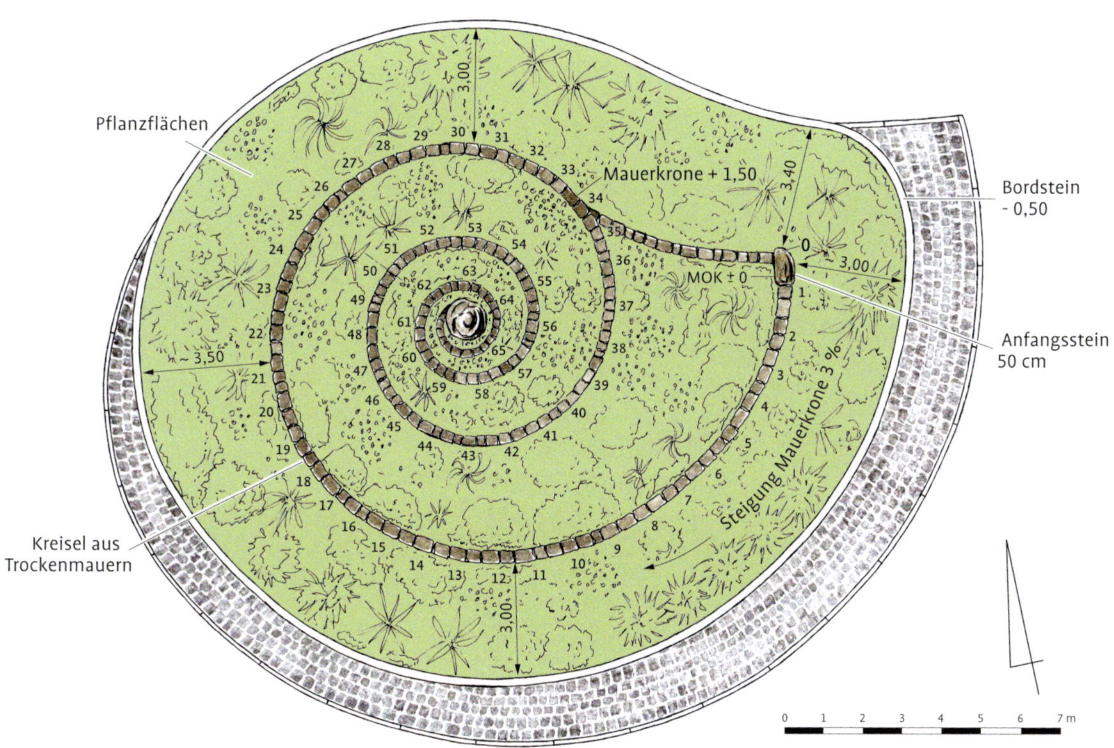

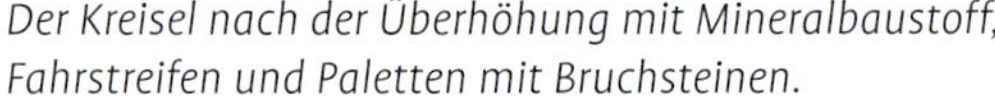

Der Kreisel nach der Überhöhung mit Mineralbaustoff, Fahrstreifen und Paletten mit Bruchsteinen.

Der wuchtige Anfangsstein kann trotz des hohen Gewichtes mit dieser Hebezange am Autokran punktgenau angepasst und versetzt werden.

Rahmen des Bauablaufes waren sie trotz der beengten räumlichen Verhältnisse nicht hinderlich. Verwendet wurde Gestein des Stubensandsteines, das aus Gebäudeabbrüchen gewonnen werden konnte. Die Bruchsteine waren aufgrund ihrer ursprünglichen Verwendung im Mauerwerk bereits bearbeit. Die beim Abbruch der Gebäude gewonnenen Steine waren vor Ort sortiert und auf Paletten gestapelt worden. Damit konnten das Verladen, der Transport und das Abladen bruchfrei und bequem erfolgen.

Nun war es möglich, den Anfang und den ersten Teil der Mauerspirale auf der Mineraltragschicht einzumessen und mit Farbe zu markieren. Damit stand auch der Standort des ersten Steines fest, für den sich unser Feldmaurer ein besonderes Widerlager ausgesucht hatte. Ein wuchtiger, mehrseitig gerichteter Quader mit einem Gewicht von nahezu einer Tonne wurde dort im Mineralgemisch mit einem Hebegeschirr am Autokran eingeschultert. Damit war der Beginn der Arbeiten für die Trockenmauern „Auf den Punkt gebracht".

Im Anschluss daran konnten die Höhen des Mauerwerkes auf der markierten Linie im Abstand von 300 cm mithilfe von Eisenstäben und verstellbarer Höhenfixierung festgelegt werden. Die einzelnen Lagen des Schichtenmauerwerkes konnten waagerecht verarbeitet werden. Allerdings ergibt sich bei der Rundmauerung dahingehend die Schwierigkeit, dass nicht, wie üblich bei geradem Mauerverlauf, mit Schnurgerüst als Orientierung für die Richtung gearbeitet werden kann. Die Höhen werden daher mit Richtlatte und Wasserwaage kontrolliert. Bei der Rundung ist dann allerdings

Abstecken der Rundungen und Höhen mit Eisennägeln. Die ersten Fundamentsteine werden versetzt.

Besonders sorgfältig müssen die Steine der Mauerkrone bearbeitet werden. Bei der Steigung der Krone mit 3 % muss jeder Einzelstein trapezförmig bearbeitet werden. Gut erkennbar sind auch die dafür gelegentlich notwendigen Wechsler.

An dieser Stelle teilt sich der äußere Kreiselring, der hier etwa eine Höhe von 150 cm erreicht hat. Die unteren vier Schichten werden im Schwung nach außen an den Anfangsstein geführt. Die oberen Schichten bilden im weiteren Verlauf den zweiten Kreiselring.

das Augenmaß gefragt. Zu achten ist auch auf die Steinlänge. In unserem Fall kann bei den äußeren Radien mit den üblichen Steinlängen gearbeitet werden. Je geringer der Radius, desto kürzer müssen die Steinlängen sein, um saubere Rundungen zu erreichen. Im Extremfall sind die Steine selbst über eine Schablone rund zu schlagen. Im vorliegenden Fall war dies allerdings nicht erforderlich.

Ausgehend von der Anfangshöhe des ersten Steines mit +50 cm verläuft die Oberkante des Mauerwerkes mit einer Steigung von 3 % bis zum Punkt 34 des Planes und erreicht dort eine Höhe von etwa 150 cm. Die Kronensteine müssen trapezförmig geschlagen werden. Dazu sind von Zeit zu Zeit Wechsler erforderlich, wenn aus den vorhandenen Steinhöhen keine ausreichend hohen Formate mehr möglich sind. Im weiteren Verlauf ab dem Punkt 34 teilt sich dann die Mauer. Der untere Teil wird zum Anfangsstein geführt. Die waagerechten Fugen werden dabei beibehalten. Lediglich die Kronensteine werden zur Absenkung auf die Höhe des Anfangssteines trapezförmig geschlagen.

Die weitere Aufmauerung am inneren Kreisel wird dann mit der gleichen Steigung der Mauerkrone von 3 % fortgeführt. Mit zunehmender Mauerhöhe muss die Auffüllung ergänzt werden, damit die nächste Stufe der Spirale gesetzt werden kann. Die Aufmauerung verläuft nun in immer engeren Abständen, sodass die unteren waagerechten Schichten in der Auffüllung enden. Die Steine der Oberkante werden weiterhin mit der Steigung im Trapez geschlagen. Die Gesamthöhe der Trockenmauer erreicht dann nach einer Gesamtlänge von 64,00 m etwa 250 cm. Den Abschluss der Steinarbeiten bildet ein Ornamentstein, der im obersten und engsten Kreisel gesetzt wurde. Der Stein zeichnet in grob gespitzter Struktur an der oberen Seite die stilisierte Form des Kreisels nach.

Die Aufmauerung des Kreisels ist nahezu fertiggestellt und die Auffüllung mit KFT 0/45 weitgehend abgeschlossen. Es fehlen nur noch die oberen kleinen Kreisel.

Die Arbeiten für die Trockenmauern sind abgeschlossen. Der Abschlussstein hat seinen Platz gefunden und die Pflanzflächen sind mit einem Sand-Kies-Gemisch 0/16 verfüllt. Es kann gepflanzt werden!

Zuletzt wurden alle Pflanzflächen mit einem reinen, gewaschenen Kies-Sand-Gemisch der Körnung 0/16 an gedeckt. Mit dieser nährstoffarmen Vegetationstragschicht hat die Staudengärtnerei Hügin aus Freiburg beste Erfahrungen bei der Begrünung von Verkehrsinseln gemacht. Für trockenresistente Stauden bestehen dann günstige Voraussetzungen dahingehend, dass sich Unkraut nur schwach entwickeln kann. Der Aufwand für die Pflege der Flächen bleibt entsprechend niedrig. Sicher ist dann im Verlauf der Jahre eine vorsichtige Nachdüngung nötig.

Die Bepflanzung des Gesamtprojektes begann aber bereits bei den Arbeiten zur Erstellung der Trockenmauern selbst. Gelegentlich konnten in den Stoßfugen punktuell Pflanzen von *Sedum* und *Sempervivum* eingebracht werden. Das dazu verwendete Substrat wurde bis in die Hintermauerung eingefüllt. So kann es nicht ausgewaschen werden, wenn gleichzeitig der dortige Bereich der Hintermauerung mit Sand verfüllt wird.

Die vor und zwischen den Mauern befindlichen Vegetationsflächen erhielten eine bunte Mischung aus Stauden und Gräsern der folgenden Arten:

- *Anaphalis triplinervis* – Perlkörbchen,
- *Armeria maritima* – Gewöhnliche Grasnelke,
- *Artemisia stelleriana* – Silber-Wermut,
- *Festuca-glauca*-Hybriden – Blau-Schwingel,
- *Festuca mairei* – Atlas-Schwingel,
- *Gypsophila-repens*-Hybriden – Teppich-Schleierkraut,
- *Helianthemum* spp. – Sonnenröschen,
- *Nepeta × faassenii* – Blaue Katzenminze,
- *Papaver nudicaule* – Island-Mohn,
- *Sedum spurium* – Kaukasus-Fetthenne.

Trotz der mageren Vegetationstragschicht hat sich rasch eine attraktive und erlebnisreiche Stauden- und Gräservegetation entwickelt.

Zusammenfassend kann gesagt werden, dass der Dürrbachkreisel in Hedelfingen ein gelungenes Beispiel dafür ist, wie die historische Handwerkskunst der Feldmaurer in die Siedlungen integriert werden kann. Das Projekt überzeugt in planerischer und technischer Sicht; es zeigt aber auch den Mut der Gemeinde, sich trotz sicher nicht unerheblicher Kosten für diese einmalige Lösung zu entscheiden. Auch nach Meinung der örtlichen Presse sei der Dürrbachkreisel nun ein „schönes Eingangstor“ für die Gemeinde Hedelfingen.

Reparatur und Neuaufbau einer Trockenmauer

Fachgerecht hergestellte Trockenmauern können mehrere Hundert Jahre ihren Zweck als frei stehende Mauer, Futtermauer oder Stützmauer erfüllen. Besonders bei Stützmauern kann es im Laufe der Zeit jedoch infolge von Hangwasser oder der Erhöhung des Hangdruckes durch nachtäglich angebrachte Verkehrsanlagen zu Veränderungen im Untergrund kommen. Die Wurzeln von Bäumen und Sträuchern können punktuell den Mauerverband lockern; aber auch Gefügelockerungen können auftreten, wenn in die Lagerfugen bindiges Bodenmaterial von der Hinterfüllung eingeschlämmt wurde. Nicht auszuschließen sind natürlich auch Fehler beim Bau durch die Auswahl ungeeigneten Steinmaterials, zu geringer oder mangelhafter Hintermauerung oder Fehlern im Fugennetz. Selbst vorbildlich hergestellte Trockenmauern halten wie alle Bauwerke nicht ewig.

In dem nachfolgend beschriebenen Beispiel hatte sich das alte Stützmauerwerk an einigen Stellen stark gesenkt. Brüche und erhebliche Ausbauchungen hatten sich gebildet. Eine Teilreparatur durch Beseitigung der Ausbauchungen schied auch durch die Veränderungen in den Lagefugen im Verlauf der Absenkungen völlig aus. Ursächlich dürfte dafür vor allem der nachträgliche Bau eines Fahrweges vor der Trockenmauer, aber auch das Einwachsen von Pflanzenwurzeln sein. Im Rahmen des Wegebaues waren sicher Erdbewegungen und Erschütterungen durch schwere Baumaschinen und Materialtransporte durchgeführt worden. Der desolate Zustand der alten Mauer stellte eine erhebliche Gefahr für die Sicherheit des Fahrweges dar. Deshalb entschloss man sich für den Abbruch und anschließenden Neubau der Stützmauer.

Beim Abbau des alten Mauerwerkes wurden die Steine der jeweiligen Schicht sortiert und mit den Köpfen nach oben gelagert. Es stellte sich dabei auch heraus, dass die Hintermauerung sehr spärlich dimensioniert war. Es war deshalb auch erforderlich, mehr Raum für die neue Hintermauerung durch zusätzlichen Bodenabtrag zu gewinnen. Ein weiterer Gefährdungsgrund trat beim Erdabtrag zu Tage. Efeu war in nicht unerheblichem Maße in die Fugen eingewachsen. Obwohl Efeu auf Beton oder Mörtelmauern durchaus eine Belebung vor allem bei großen Flächen bietet, im Trockenmauerwerk hat er nichts zu suchen, weil das Dickenwachstum der Wurzeln die Steine aus dem Verband sprengen kann.

Nach dem vollständigen Abbau wurde entlang der ausgelegten Bohle das Fundament für die neue Mauer ausgehoben. Dabei stellte sich heraus, dass der Untergrund von sehr ungleichmäßiger Beschaffenheit war. So stieß man bald auf einen Teil mit massivem gewachsenem Boden. Im weiteren Verlauf allerdings war vergleichsweise lockerer Untergrund vorhanden, sodass an diesen Stellen der Fundamentaushub bis auf etwa 80 cm Tiefe ausgeschachtet wurde, um einen weitgehend homogenen Untergrund herzustellen. Nach der Ausschachtung des hinteren Arbeitsraumes blieb die Erdwand nahezu senkrecht stehen, sodass dort für den weiteren Bau der Trockenmauer keine zusätzliche Sicherung gegen das Abrutschen erforderlich war. Offensichtlich waren die Schäden an dieser alten Mauer nicht so sehr durch eine Erhöhung des Hangdruckes, sondern durch die Wurzel-

Hier wird das alte Mauerwerk abgetragen. Die Steine lagern sortiert zur Wiederverwendung. Das Wurzelwerk des Efeus wird im Rahmen des Aushubs für die breitere Hintermauerung beseitigt. Im hinteren Teil des Bildes ist die Mauerabsenkung deutlich zu sehen.

tätigkeit des Efeus und die Beeinträchtigungen beim nachträglichen Einbau des Fahrweges verantwortlich. Bei instabilen Böden muss gegebenenfalls mit einem flacheren Winkel abgegraben werden. Dabei wird dann auch für die Dauer der Bauzeit eine Abdeckung mit Folie als Schutz gegen Niederschlagswasser sinnvoll sein. Wenn oberhalb der Mauer, wie hier bei einer Hangsituation, Material gelagert werden muss, so ist dieses ebenfalls gegen Abrutschen zu sichern. In unserem Fall stellen die an der Oberkante des Abtrages gelagerten Steine sicher ein gewisses Gefährdungspotential für Arbeitskräfte dar.

Im weiteren Bauverlauf wird nun das Fundament aufgemauert. Die Herstellung des Mauerwerkes beginnt danach mit der Eckausbildung. In diesem Fall ist die Ecke des neuen Mauerwerkes mit dem verbliebenen und intakten Rest der alten Mauer zu verbinden. Wie man sieht, wird immer zuerst der jeweilige Eckstein bearbeitet. Hier wurde sehr sorgfältig vorgegangen. Dazu musste zunächst der exakte Winkel zum alten und neuen Mauerwerk bestimmt werden, da die Mauern nicht rechtwinklig zueinander angeordnet sind.

Den passenden Winkel kann man dazu über ein Schnurdreieck aus den Verlängerungen der Fluchten von neuer und alter Mauer ermitteln. Daraus kann man sich auf einem dünnen Brett den Winkel als Schablone aufzeichnen. Mit der Schablone werden dann die Ecksteine vor der Bearbeitung angezeichnet und danach die Ecken geschlagen. Noch einfacher und vor allem schneller kann man den Winkel mit dem „Winkelfix“ bestimmen. Damit kann der Winkel auf 0,5 Grad genau abgelesen und übertragen werden.

unten links:
Das schadhafte Mauerwerk ist vollständig beseitigt. Die Erdwand weist nach dem Abbau noch eine ausreichende Stabilität auf. Der Fundamentgraben ist teilweise fertiggestellt. Im Vordergrund sieht man das noch intakte Mauerwerk, an das die neue Mauer angeschlossen werden soll.

unten rechts:
Eckaufmauerung mit Anschluss an das alte Mauerwerk.

Wenn man sich dann den Winkel auf eine Holzplatte aufzeichnet, kann man bei jedem zu bearbeitenden Eckstein den Winkel anzeichnen und prüfen.

Wie bereits beschrieben und hier auch gut zu sehen, werden die Längs- und Querseiten der Ecksteine im Wechsel angeordnet, um eine gute Verzahnung sicher zu stellen. Die Schichthöhe der Ecksteine bestimmt auch die Höhe der anschließenden Mauerschichten. Das bedeutet, dass entweder in gleicher Schichthöhe weiter gemauert werden kann oder zwei passende Wechselschichten auszuwählen sind. Auf unserem Beispiel sind beide Möglichkeiten zu erkennen. An der Farbe der Ecksteine ist zu erkennen, dass dafür neu beschafftes Steinmaterial verwendet wurde. Da neue und alte Steine aus Sandstein bestehen, wird der Farbunterschied nach einiger Zeit infolge Verwitterung weniger auffallen.

Nach der Eckaufmauerung, bei der nur kurze Teilstrecken der anschließenden Schichten zur Stabilisierung der Ecken gefertigt werden, kann über das Schnurgerüst Schicht für Schicht aufgemauert werden. Auf unserem Foto ist der Anschluss der Eckaufmauerung an das neue Mauerwerk zu sehen. Nicht immer kann gewährleistet sein, dass die Ecksteine selbst ausreichend Überbindung aufweisen und damit eine gute Verzahnung mit dem Mauerwerk sichern. In unserem Fall hat der Feldmaurer in den fünften Eckstein von unten eine Aussparung geschlagen, um eine Verbesserung der Verzahnung zu erreichen.

Der erste Teil der Mauer ist in voller Höhe fertiggestellt. Erkennbar ist die sorgfältige Anpassung der Mauerkrone an die Geländehöhe durch die trapezförmige Ausarbeitung aller Kronensteine.

Eckaufmauerung mit Anschluss an das neue Mauerwerk. Das Schnurgerüst zeigt den weiteren Verlauf der Mauerarbeiten an.

Mauersanierung in einem Schutzgebiet

Die Sanierung von Trockenmauern in Schutzgebieten bedarf einer besonderen Zusammenarbeit von Feldmaurern, Biologen und Botanikern. Gelegentlich ist auch die Beteiligung von Historikern oder Geologen angebracht. Im konkreten Fall war es notwendig, in einem im Maintal gelegenen Premium-Naturschutzgebiet, das auch in die Geotopliste und als Fauna-Flora-Habitat eingetragen ist, alte und zum Teil stark einsturzgefährdete Weinbergsmauern zu sanieren. Umfangreiche Gutachten zu Flora und Fauna bildeten die Grundlage für das Sanierungskonzept. So war in der Aufgabenstellung die Erhaltung und Schaffung neuer Lebensräume für bedrohte Tier- und Pflanzenarten formuliert. Daneben sollten Weinbauflächen erhalten oder neu geschaffen und auch das Landschaftsbild erhalten werden. Bei der Fläche handelte es sich um einen extremen Weinbergssteilhang mit über 700-jähriger Tradition. Infolge der Geländeneigung war eine sehr kleinteilige Terrassierung vorhanden, die durch Trockenmauern bis zu 4,00 m Höhe gestützt war. Maschineneinsatz auf dem Gelände selbst war nicht möglich, weil nur ein hangseitig bestehender Wirtschaftsweg vorhanden war. Im Detail war folgende Aufgabenstellung gegeben:

- Sanierung und Wiedererrichtung der Weinbergsmauern in traditioneller Bauweise ohne Verwendung von Mörtel sowie Verzicht auf Rollschichten bei den Mauerkronen.
- Überarbeitung der erschließenden Treppenanlagen.
- Konsequente Verwendung der alten Mauerverbände, auch bei neuen Teilbereichen, sodass in absehbarer Zeit zwischen den ursprünglichen und neuen Mauerteilen kein Unterschied mehr erkennbar ist.
- Verzicht auf Füllung der Fugen.
- Verwendung lokal vorhandener Steine.
- Schaffung einer Dränageschicht zur Stabilisierung der Mauern.
- Wiederverwendung der Mauerkronenvegetation.

Bewertung vorhandener Mauern

Soweit das Mauerwerk noch so intakt war, dass eine gesicherte Standfestigkeit gegeben war, wurden keine Änderungen vorgenommen. Bei einem Teil des Mauerwerks im oberen Teil des Hanges handelte es sich um kaum bearbeitetes Bruchsteinmauerwerk mit auffällig stark differenzierten Steingrößen. Das Ausgangsmaterial besteht aus Buntsandstein, das an der Oberfläche erhebliche Patinierungen aufweist. Der Mauerverband ist als eine Mischung aus Findlings- und Bruchstein-Schichtenmauerwerk zu bezeichnen. Eine im Maintal nicht alltägliche Mauergestaltung.

Aufgrund der verwendeten Großsteine ergeben sich zum Teil großräumige Fugen, die natürlich für eine Bewertung als Lebensraum ausgesprochen positiv zu sehen sind. Die trotz des Anteils an großen Fugen festgestellte Standfestigkeit der Mauern ist sicher auf die sorgfältige Fügung und stabile Hintermauerung zurückzuführen.

Weiter unten am Hang stehende Mauern sind nur in Teilen ausreichend stabil und bedürfen insofern einer Sanierung. Allerdings sind dort wesentlich geringere Steingrößen verwendet worden. Vermutlich konnten aus technischen Gründen nur kleinere Steine antransportiert werden. Hier handelt es sich überwiegend um Bruchstein-Schichtenmauerwerk, das bei der Sanierung durch neues Mauerwerk zu ergänzen war. Ein nicht unerheblicher Teil der Mauern war vollkommen eingestürzt und musste durch entsprechende Neubauten ersetzt werden.

Ein Beispiel hoher Handwerkskunst stellt diese aus großformatigen Findlingen und Bruchsteinen gefertigte Stützmauer dar. Mit der Trockenrasen-Vegetation auf der Mauerkrone und dem urigen Aspekt des Fugenbildes ein wahres Kleinod für das Landschaftsbild.

Vorbereitung und Durchführung der Arbeiten
Sicher handelte es sich hier um eine schwierige Baustelle, die der ausführenden Firma alles abverlangte. Das begann schon bei der Kalkulation der Leistungen, weil die Aufwendungen vor allem beim Materialtransport schwer einzuschätzen waren. Im Detail waren folgende Leistungen zu erbringen:
- 250 m³ Erdaushub herstellen und teilweise abfahren,
- 120 t Bruchsteine neu anliefern,
- 100 m³ schadhaftes Mauerwerk abbrechen,
- 170 m³ Bruchsteinmauerwerk neu erstellen.

Um von der reinen Handarbeit weg zu kommen, wurde ein Kran mit großem Ausleger installiert, der vor allem den Materialtransport vom Hang und zum Hang wesentlich erleichterte. Allerdings blieb trotzdem ein erheblicher Teil der Transportleistungen außerhalb der Reichweite des Kranes in reiner Handarbeit.

Für die Baustelle wurde ein bereits im Ruhestand befindlicher Feldmaurer reaktiviert. Er übernahm die Baustellenleitung, wobei er weitere Kräfte anlernen und beaufsichtigen konnte. Diese brachten ein großes Interesse an der Aufgabe mit und konnten schon bald unter Aufsicht des erfahrenen Feldmaurers durchaus akzeptable Qualität bei der Herstellung der Mauern leisten. Natürlich gab es anfangs auch Rückschläge und gelegentlich Abbau von kleinen Partien. Diese Anfangsmängel hielten sich aber in Grenzen.

Diese Mauer ist fast fertiggestellt. Im Hintergrund ist der Transportkorb des Kranes erkennbar. Das Geotextil befindet sich zwischen der Hintermauerung und der Dränschicht. Die senkrecht gestellten Schaltafeln sollen eine Vermischung der Dränschicht mit dem anstehenden Boden verhindern. Geovlies und Dränschicht werden mit dem Baufortschritt nach oben gezogen.

Die Erfahrung des Feldmaurers war Garant dafür, dass die überlieferten Gesetzmäßigkeiten beim Bau von Trockenmauern konsequent eingehalten wurden. Dies betraf vor allem die Gründung der Fundamente, die Steinbearbeitung selbst und die Gestaltung des Fugenbildes. Aber auch die fachlich einwandfreie Hintermauerung als Rückgrat der Stützmauern wurde mit großer Sorgfalt durchgeführt. Großen Einfluss darauf hatte neben dem erfahrenen Feldmaurer auch der für die örtliche Bauleitung verantwortliche Architekt, der bereits mehrere vergleichbare Projekte betreut hatte.

Die geforderte Herstellung einer Dränschicht hinter den Trockenmauern entsprach eigentlich nicht der althergebrachten Methode bei der Herstellung von Weinbergsmauern. Der planende Architekt bestand aber darauf, dass diese Leistung durchgeführt wurde, weil bei vergleichbaren Projekten durch Hangwasser Schäden am Mauerwerk entstanden waren.

Die Dränschicht wurde nach seinen Angaben wie folgt angelegt: Auf der Rückseite des Mauerwerkes wurde mit dem Hochziehen der Mauern ein Geovlies eingebracht, das verhindern sollte, dass Feinmaterialien der Dränschicht in die Hintermauerung eingespült werden. Damit war auch gewährleistet, dass für die in den Mauerfugen lebenden Tiere auf Dauer genügend Hohlräume sicher gestellt bleiben. Die eigentliche Dränschicht wurde dann zwischen Geovlies und dem anstehenden Boden eingefüllt. Es handelte sich dabei um ein füllstoffarmes Mineralgemisch der Körnung 0/16. Dieses besitzt eine ausreichende Dränfunktion und ist gegen den anstehenden Boden weitgehend filterstabil. Gleichzeitig ist es verdichtungswillig, sodass mit leichtem Gerät verdichtet werden kann, ohne die Trockenmauer in ihrem Gefüge dabei zu beeinflussen. Es sprechen allerdings auch Gründe dafür, das Geovlies zwischen dem anstehenden Boden und der Dränschicht anzuordnen. Die Dränschicht könnte dann ein hoch dränfähiges Mineralgemenge der Körnung 2/32 aufweisen. Eine gute Verzahnung mit der Hintermauerung böte diesbezüglich sicher auch Vorteile, und jeglicher Eintrag von Schlämmstoffen aus dem anstehenden Boden in das allerdings nicht filterstabile Mineralgemisch würde durch das Geovlies ausgeschlossen. In wieweit Schäden im Geovlies durch Mäusefraß zu

Linke Seite:
Bedingt durch die Mauerhöhen musste für den Bau und die teilweise Materialbeistellung mit Gerüsten gearbeitet werden. Hier wird gerade die letzte Schicht hintermauert. Erhebliche Erleichterung bot der Kran, mit dem die Steine punktgenau für die Be- und Verarbeitung abgestellt werden konnten.

befürchten sind, kann zumindest nicht ausgeschlossen werden. Allerdings wird nach dem Merkblatt der FGSV 555 für die Konstruktion von Blockbauwerken unter vergleichbaren Bedingungen für die Verfüllung neben einem filterstabilen durchlässigen Mineralstoff auch die Verwendung von Geovlies empfohlen, wenn Hangwasser zu erwarten ist.

Erfolg der Maßnahme

Die Anstrengungen der Feldmaurer und der Bauaufsicht haben sich gelohnt. Die neu errichteten Mauern unterscheiden sich nur unwesentlich von dem ehemals hergestellten Mauerwerk. Natürlich weisen die neuen Teile infolge der bruchfrisch beschafften Steine noch eine intensivere Färbung auf. Nachdem das alte und neue Steinmaterial aber nahezu identisch sind, darf angenommen werden, dass die farblichen Unterschiede im Laufe der Zeit abnehmen werden. Natürlich kann man beim Fugenwerk einige Mängel feststellen, die jedoch unbedeutend sind. So sind teilweise die Überbindungen der Steine nicht ganz ausreichend und gelegentlich hat sich auch ein aufrecht stehender Stein verirrt. Nachdem aber auch bei dem Altmauerwerk ähnliche Kritikpunkte angebracht sind, kann mit Fug und Recht gesagt werden, dass die Angleichung von altem und neuem Mauerwerk hervorragend gelungenen ist. Qualitativ sind die neuen Mauern eher besser einzuschätzen.

Noch hebt sich das alte Mauerwerk nicht nur infolge der Farbunterschiede, sondern auch aufgrund der punktuell vorhandenen Besiedlung mit Pflanzen auf der Mauer selbst ab. Auch die Vegetation auf der Mauerkrone ist dort intensiver. Im Bereich der neuen Mauern wurden aber vor Beginn der Abbauarbeiten die Soden gesichert und nach Fertigstellung der Mauerkronen wieder angedeckt, sodass diese Bestände sicher bald wieder Fuß fassen werden. Auch in den Fugen der neuen Mauern wird sich bald wieder tierisches und pflanzliches Leben einstellen.

Die Mauern und Treppenläufe sind saniert. Bei den Treppen wurden einige Stufen ausgetauscht. Das neue Mauerwerk ist strukturell kaum vom alten zu unterscheiden. Alles in allem eine gelungene Maßnahme!

Ein Vorgarten am Hang

Hier zeigt sich eine häufig anzutreffende Situation. Das Wohnhaus musste, der Bauleitplanung folgend, um mehr als eine Geschosshöhe über das Niveau der Straße angehoben werden, was den turmartigen Eindruck des ohnehin ungünstig geschnittenen Baukörpers noch erhöhte. Um zum Haupteingang im ersten Geschoss zu gelangen, waren mehrere Treppenläufe notwendig. Im Zuge des Ausbaues dieser Treppen entstanden beidseitig steil abfallende Böschungen, die ursprünglich bepflanzt waren. Im Laufe der Zeit entwickelte sich dort zunehmend Wildwuchs, der aufgrund der starken Neigung der Böschungen nur unzureichend entfernt wurde. Der Gesamteindruck des Vorgartens präsentierte sich infolge der unterlassenen Pflege unordentlich und wenig attraktiv. Eine Neupflanzung auf der steilen Böschung erschien aber wenig sinnvoll, weil auch dann kaum eine sorgfältige und bequeme Pflege zu gewährleisten war.

Der Wunsch nach einer vielfältigen Staudenbepflanzung führte dann zu Überlegungen, die vorhandenen Böschungen unter Beibehaltung der Treppenläufe zu terrassieren und mithilfe von Trockenmauern die verbleibenden Pflanzflächen mit deutlich weniger Gefälle auszustatten. Die unansehnliche Betonmauer mit den einbetonierten Mülltonnenbehältern und der Torstation musste leider aus Kostengründen verbleiben. Hier hätte sich natürlich auch eine Verwendung von Naturstein, wie auf der rechten Seite des Eingangs, angeboten.

Bei den Vorarbeiten wurde zunächst der Wildwuchs abgetragen und das Rohplanum des Untergrundes in Terrassenform durchgeführt. Wertvoller Aufwuchs, wie die beiden Eiben und der Mauerüberhang aus Efeu, wurden gesichert und erhalten, genau wie das niedrige Trockenmäuerchen aus rotem Sandstein auf der rechten Seite des unteren Treppenaufgangs.

Da bereits Sandstein, z. B. am rechten Pfeiler des Eingangs, vorhanden war, lag es nahe, die geplanten Terrassenmauern ebenfalls aus Sandstein-

Der Wildwuchs auf der Böschung ist beseitigt. Die Modellierung des Geländes für die Terrassen ist durchgeführt. Wertvoller Gehölzaufwuchs konnte erhalten werden.

Hier wird der wuchtige Findling mit dem Fäustel so gerichtet, dass er unverrückbar als Widerlager für das Schichtenmauerwerk dienen kann.

Die obere Bastion ist fertiggestellt. Der Findling wirkt als Gegenlager und ist sorgfältig in das Schichtenmauerwerk integriert. Die Verwendung unterschiedlicher Steingrößen und die Anordnung von Wechslern verhelfen dem Mauerwerk zu gediegener Lebendigkeit.

Die Stützmauern sind errichtet und das Pflanzsubstrat ist auf dem Rohboden aufgetragen. Noch wirken die Mauern etwas dominant. Eine geschickte Pflanzung wird die Strenge sicher nehmen. Durch die Stützmauern sind nahezu ebene oder gering geneigte Pflanzbeete entstanden, die anspruchsvolle Pflanzungen aufnehmen können. Die Pflege gestaltet sich infolge der wesentlich besseren Begehbarkeit dann problemlos.

material herzustellen. Die beiden unteren Einfassungen aus rotem Sandstein wurden mit dem gleichen Material ergänzt bzw. neu errichtet. Für die oberen Terrassen bot sich der helle grünliche Sandstein an, der an dieser Stelle im Kontrast mit dem dunklen Grün der Eibe eine gewisse Dominanz erlangen sollte. Zur optischen Stabilisierung gegenüber der wuchtigen Eibe hat sich der Steinmaurer etwas Besonderes einfallen lassen. Ein Findling mit fließenden Formen an der Oberfläche sollte mauerhoch wie ein Stützpfeiler nahezu am Ende der Mauer in das Schichtenmauerwerk eingebunden werden. Deshalb wurde bei den Arbeiten nach der Profilierung des Untergrundes dieser wuchtige Stein zuerst zugeschlagen und mit einem Bagger von der Straße aus versetzt. Vorher war als Fundamentstabilisierung ein Mineralgemenge KFT 0/45 eingebaut worden. Der Stein musste sehr sorgfältig so gerichtet werden, dass er satt und unverrückbar auf dem Mineralgemisch aufsaß Gleichzeitig mussten die Seitenteile so angeordnet werden, dass der Anschluss der Steinschichten harmonisch gewährleistet war.

Die Feinjustierung des Steines erfolgte von Hand mit langem Brecheisen als Hebel.

Nach der Fixierung des Findlings erfolgte die Eckaufmauerung wie bereits mehrfach beschrieben. Da die Mauer mit einem Anlauf versehen war, musste der Eckstein jeweils mit Anlauf im Gesicht geschlagen und jeweils als erster Stein der jeweiligen Schicht gesetzt werden. Die Kronensteine konnten waagerecht angeordnet werden, weil sich das oben liegende Gelände problemlos anpassen ließ. Die kurze Mauerstrecke zwischen Findling und Drahtzaun erfolgte abgetreppt und dem Gelände angepasst. Die rechte Stützmauer und die beiden unteren Einfassungen wurden in bewährter Weise ebenfalls gefertigt.

Verarbeitung von Muschelkalk

Bisher wurden in erster Linie Stützmauern vorgestellt, bei denen Bruchsteinmaterial aus verschiedenen Sandsteinherkünften verarbeitet wurde. Wie bereits eingangs erwähnt, spielt in vielen Gegenden neben dem Sandstein auch Kalkgestein, und speziell der Muschelkalk, eine wichtige Rolle. Die Bearbeitung selbst unterscheidet sich nicht grundlegend von der des Sandsteines, allerdings müssen die Werkzeuge mit Hartmetalleinsätzen versehen sein.

Selbstverständlich gestaltet sich die Bearbeitung des relativ harten Muschelkalkes aufwendiger als beim Sandstein. Am Beispiel der Erneuerung einer Stützmauer soll, auch unter Berücksichtigung einer alternativen Fundamentgestaltung, das Arbeiten mit Muschelkalk dargestellt werden.

Das etwas andere Fundament

Bei Erneuerungsarbeiten wird man zweckmäßig die gebrauchten Steine wieder verwenden. Das erscheint sowohl wirtschaftlich als auch ökologisch sinnvoll. Vor allem, wenn die zu erneuernden Mauern mit einem sparsamen Profil ausgestattet waren – oft ist das auch die Ursache für den Einsturz – reicht das vorhandene Material nicht für den Wiederaufbau, und es müssen neue Steine beschafft werden. Gerade für das Fundament sind möglichst große Steine notwendig. Gelegentlich gestaltet sich das gerade beim Muschelkalk etwas schwierig. In solchen Fällen erscheint es zulässig, auf geeignetes Ersatzmaterial für das Fundament und eventuell auch für die Hintermauerung zurückzugreifen. Die vorhandenen Natursteine wer-

Der Teilbereich der alten und absturzgefährdeten Mauer ist abgebaut, Arbeitsraum und Fundamente sind ausgehoben. Nun werden die Schwerbetonsteine als Fundament aufgemauert. Damit sie satt aufliegen, werden sie auf ein Bett von 15 cm KFT 0/32 versetzt.

den dann in erster Linie für das sichtbare Mauerwerk verwendet. Diese Art der Herstellung entspricht natürlich nicht den strengen Maßstäben des traditionellen Trockenmauerbaus. Wenn das Ersatzmaterial auseichend fest, inert und frostsicher ist, leidet darunter im Regelfall aber nicht die Stabilität und das Erscheinungsbild der Trockenmauern – sorgfältige Verarbeitung der Ersatzstoffe nach den prinzipiellen Regeln des Trockenmauerbaus vorausgesetzt. Für Fundamente haben sich in diesem Zusammenhang

Die Mauer ist fertiggestellt. Die Muschelkalk-Bruchsteine wurden nur gering oder gar nicht bearbeitet. So entstand ein Mauerwerk mit hohem Fugenanteil und damit reichlich Lebensraum für Pflanzen und Tiere.

Blocksteine aus Schwerbeton bewährt, wie sie für den Bau von Kellergeschossen im Hochbau üblich sind. Günstige Steingrößen sind 24 × 30 cm (10 DF) oder 24 × 36,5 cm (12 DF). Sogenannte Leichtbausteine aus Bimsbeton oder Porenbeton, aber auch nicht gesinterte Mauerziegel sind ungeeignet, weil sie nach Wasseraufnahme nicht ausreichend frostsicher sind und nach einiger Zeit zerfallen. Für die Hintermauerung können Bruchstücke von Schwerbeton eingearbeitet werden.

Die Aufmauerung erfolgte, wie bei Sandsteinen beschrieben, als Schichtenmauerwerk. Da an der Krone Anschluss an das Gelände notwendig war, mussten die Kronensteine mit trapezförmiger Ansichtsfläche geschlagen werden. Dazu war von Zeit zu Zeit, abhängig von den vorhandenen Steingrößen, ein Wechsler erforderlich. Es ist erkennbar, dass sich die Steine des Muschelkalks nicht so scharfkantig richten lassen wie beim Sandstein. In diesem Fall musste auch sehr viel kleinformatiges Material verarbeitet werden. Deshalb wurden die Stoßflächen meist nicht oder nur annähernd rechtwinklig geschlagen, damit die Formate nicht noch kleiner ausfallen. Die Schwierigkeit, bei kleinen Steinen immer eine ausreichende Überbindung herzustellen, zeigt sich auch bei diesem Mauerwerk. Positiv ist anzumerken, dass der obere Mauerabschluss zur Erhöhung der Stabilität mit größeren Steinen gefertigt wurde. Insgesamt zeigt sich aber ein gelungenes Mauerwerk, das aufgrund des vergleichsweise großen Fugenanteils eine hohe ökologische Wertigkeit aufweist. Bei genauem Hinsehen erkennt man an einer Stelle infolge zu geringer Anschüttung mit Erdmaterial die Fundamentoberkante mit Schwerbetonsteinen.

Vermörtelte Trockenmauern aus Muschelkalk

In einigen Gebieten Frankens und Baden-Württembergs war es von je her üblich, auch Trockenmauern zu vermörteln. Ausgangspunkt dieser Technik war wohl das örtliche Vorkommen von Steinmaterial vergleichsweise geringer Qualität. Die Fundierung und Hintermauerung dieser Mauern

Vermörtelte Trockenmauer aus Muschelkalk. Äußerlich ist sie kaum von einer Trockenmauer in traditioneller Bauweise zu unterscheiden. Da die Vermörtelung nur im hinteren Teil der Sichtsteine erfolgt, ist auch bei dieser Technik ein lebendiges Fugenbild mit Licht- und Schattenwirkung zu erreichen. Natürlich findet man auch bei dieser Mauer kleinere Mängel, dahingehend, dass zu geringe Überbindungen gegeben und gelegentlich mehr als zwei Stoßfugen übereinander angeordnet sind. In den Fugen ist auch hier ein bescheidener Pflanzenwuchs zu erwarten. Da der Hohlraumgehalt der Mauer gegenüber mörtelloser Vermauerung niedriger ist, muss die ökologische Funktion allerdings geringer eingestuft werden.

geschah wie üblich ohne Mörtel. Zur besseren Stabilität der Sichtsteine wurden diese von hinten mit einem vergleichsweise elastischen Mörtel aus fünf bis sechs Teilen Sand und einem Teil Hydratkalk in den Lagerfugen vermauert. Die Stoßfugen blieben frei. Da die Fugen zur Sichtseite offen blieben, entstand eine Oberfläche, die der einer echten Trockenmauer durchaus vergleichbar ist. In den Fugen kann sich trotzdem eine interessante Mauervegetation, vorwiegend aus Moosen, Farnen und Kleinstauden, entwickeln. Gehölze siedeln sich nur in den seltensten Fällen an. Sie sind auch nicht erwünscht, weil sie die Stabilität der Mauern gefährden können. Diese Technik hat in Franken und Baden-Württemberg durchaus Tradition und wird dort zum Teil noch heute angewandt. Geringfügige Bewegungen im Mauerwerk können ohne Schäden aufgefangen werden, da der Mörtel eine gewisse Elastizität aufweist. Hangwasser kann durch die nicht vermörtelten Stoßfugen ablaufen. Zur Sicherheit werden aber an der Mauerbasis Entwässerungsschlitze angebracht. Bei Hangwasser sollte auf jeden Fall eine dränfähige Hinterfüllung eingebaut werden.

Natursteine – ganz groß

Trockenmauern kann man nicht nur mit Steinen der gängigen Größen, also solchen, die man als ausgewachsener Mensch gerade noch tragen kann, herstellen. Vielmehr erschließt sich durch die Möglichkeiten des Maschineneinsatzes auch die Verarbeitung von Steingrößen mit erheblich höheren Gewichten. Solche Blöcke können wilde Formen aufweisen. Sie sind dann vergleichbar mit großen Lesesteinen oder wilden Bruchsteinen. Der Handel bietet aber auch gerichtete Steine in rechteckigen Formen an, die wie große Bruchsteine ohne bzw. mit geringer Bearbeitung zu betrachten sind. Mit diesen können problemlos Stützmauern, aber auch frei stehende Mauern, hergestellt werden. Im Grunde gelten für diese Art von Trockenmauerwerk die gleichen Grundsätze wie bei traditionellem Schichtenmauerwerk. Es wird also kein starres Fundament aus Beton gefertigt. Auf die Tragfähigkeit der Fundamentsohle ist aber in besonderem Maße zu achten, genau wie bei allen anderen trocken gemauerten Stützmauern. Bei frostgefährdeten Böden sollte eine Verbesserung des Untergrundes mit mindestens 10 bis 15 cm KFT 0/45 erfolgen.

Die Breite der Stützmauern an der Basis der Blockschichtung ist ähnlich zu dimensionieren wie in der Tabelle 2 aufgeführt. Da der Hohlraumanteil bei den Blöcken, die eine Mindestgröße von etwa 0,3 m^3 aufweisen sollen, wesentlich geringer ist als bei Trockenmauern und deren Hintermauerung, dürften die in Klammern gesetzten Werte in dieser Tabelle völlig ausreichen. Bei Blockschichtungen bis zu einer Höhe von 200 cm reicht im Regelfall ein einschichtiger Aufbau, wenn die Breite der Blöcke mindestens 50 bis 60 cm beträgt.

Im Zweifelsfall muss man vom Statiker Berechnungen für den Nachweis der Standsicherheit vornehmen lassen. Sinnvoll ist es natürlich, die Fundamentsohle zum Hang hin zu neigen, um einen Anlauf der Blockschichtung zu gewährleisten. Zusätzlich können die Reihen der Blöcke zum Hang hin noch versetzt werden.

Bedeutsam für die Standfestigkeit der Blockschichtungen ist die kraftschlüssige Verbindung der Blöcke untereinander. Die Oberfläche der Blöcke soll deshalb so gerichtet sein, dass diese nach dem Versetzen nicht wackeln. Das Verzwicken der Einzelblöcke bei Bedarf zur Stabilisierung sollte nach Möglichkeit von der Rückseite her erfolgen.

Stützkonstruktion aus gerichteten Muschelkalkblöcken.

Beim Versetzen hat sich ein Autokran oder Bagger mit Greifer bewährt. Mit diesem Gerät lassen sich die Steine exakt fluchtgerecht einrichten und bei Bedarf zur Korrektur der Oberfläche nochmals anheben, wenn keine ausreichende Stabilität gegeben ist. Insgesamt bleiben die Fugen wesentlich größer als beispielsweise beim Schichtenmauerwerk. Wichtig ist aber auch hier eine saubere Überbindung der Steine. Auch bei der Herstellung von Blockschichtungen hat sich eine Hinterfüllung mit einem drän- und filterstabilen Mineralgemenge bewährt, wenn verhindert werden soll, dass Boden durch die Fugen auf die Blöcke gespült wird. Wenn Hangwasser zu erwarten ist, sollte ein Geovlies zusätzlich eingebaut werden.

Bei diesem Beispiel sollte eine Blockschichtung in Kombination mit einer darüber angeordneten Erdaufschüttung als Wind- und Sichtschutz für ein dahinter liegendes Schwimmbad errichtet werden. Wie auf dem Bild ersichtlich, war die Baustelle für schweres Gerät direkt von der Erschließungsstraße aus erreichbar, was die Durchführung der Arbeiten wesentlich erleichterte. Die Steine konnten mit dem Autokran vom Transportfahrzeug aus versetzt werden. Bei einer Gesamthöhe der Blockschichtung von etwa 200 cm war bei einer Einbindetiefe von 40 bis 60 cm ein einschichtiger Aufbau möglich. Die Blöcke mit der größeren Tiefe wurden vorwiegend in den unteren Reihen verarbeitet. Hier wird gerade mit einem Raupendumper die Hinterfüllung der oberen Blockschicht eingebracht. Die Verwendung eines Baggers für diese Leistung wäre wahrscheinlich nicht aufwendiger aber wesentlich gefahrloser. Im Wesentlichen kann man mit der Qualität der Leistung zufrieden sein. Kleinere Mängel zeigen sich jedoch in der unzureichenden Überbindung einzelner Blöcke.

Nach Fertigstellung und Bepflanzung wird das Ziel der Maßnahme deutlich. Die Aufschüttung über der Krone der Blockschichtung als bepflanzter Erdwall übernimmt eine zusätzliche Schutzwirkung. Auf der Abtreppung nach der zweiten Schicht wurde ebenfalls eine lockere Bepflanzung etab-

Blockschichtung nach Fertigstellung und Bepflanzung.

liert. Diese dürfte sich im Laufe der Jahre noch weiter entwickeln. Die optische Wucht der Blockschichtung lässt sich durch eine zusätzliche Bepflanzung der Fugen sowie durch die Verwendung von Stauden und Gehölzen mit überhängendem Wuchs an den Steinkanten sicher noch deutlich abschwächen.

Insgesamt sollte man Blockschichtungen nur behutsam unter Berücksichtigung der örtlichen Verhältnisse verwenden. Sie sind sicher einfacher und preisgünstiger herzustellen als traditionelles Schichtenmauerwerk. Sie weisen natürlich nicht die Individualität und die Ausstrahlung traditioneller Handwerkskunst auf. Im Einzelfall können sie schnell bedrohlich wirken. Das gilt in besonderem Maße für kleine Gartenräume.

Stützmauern aus Schiefer

Bei Muschelkalk und Sandstein kann man die Maschinen-geschlagenen Steine mit den beschriebenen Geräten wie Zweispitz, Spitz- oder Zahneisen bearbeiten. Bei der Verwendung von Bruchsteinen aus Schiefer besteht diese Möglichkeit nur bedingt. Dafür bietet Schiefer eine Reihe anderer Möglichkeiten, die für die Herstellung von Trockenmauern durchaus von Interesse sind.

So weist Schiefer von Natur aus weitgehend ebene Flächen auf, sodass die Lager meist keiner zusätzlichen Bearbeitung bedürfen. Auch die Anpassung an die geforderten Höhen der Steine kann problemlos durch Spaltung mit dem Flacheisen erfolgen. Man setzt dazu das Flacheisen entsprechend der gewünschten Höhe an mehreren Stellen in eine Schieferfalte und kann dann, von außen beginnend, mit einem kräftigen Schlag die Spaltung herbeiführen. Probleme gibt es allerdings bei der Bearbeitung der Stöße. Wenn das Einkürzen einzelner Steine und ein rechter Winkel an den Stößen gewünscht wird, muss mit der Steinsäge gearbeitet werden. Dies gilt

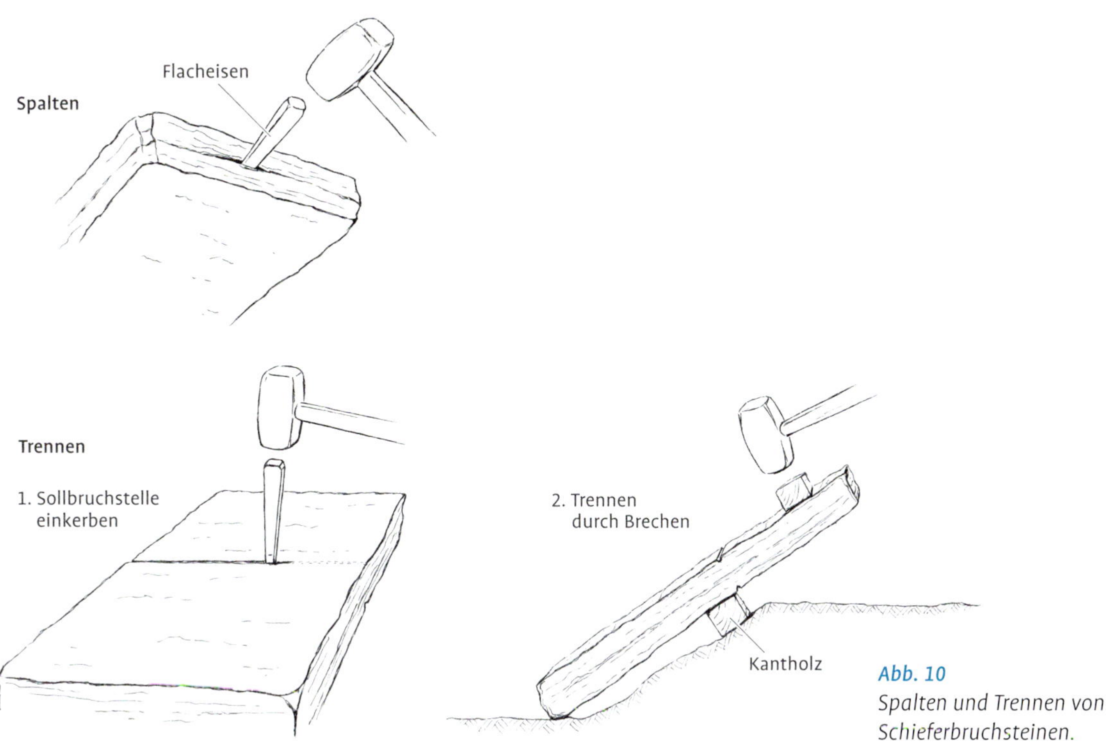

Abb. 10
Spalten und Trennen von Schieferbruchsteinen.

vor allem dann, wenn man nur kurze Überlängen abnehmen muss. Steine durch Brechen zu teilen, gelingt schon eher. Dazu muss die gewünschte Bruchstelle mit einem Flacheisen eingekerbt werden. Bei dünneren Platten genügen auch mehrere einzelne Flacheisenkerben. Dickere Steine sollten beidseitig eingekerbt werden. Der Bruch gelingt dann mit einem kräftigen Fäustelschlag, wobei als Widerlager ein Kantholz verwendet werden kann. Dünnere Schiefersteine schlägt man mit dem Maurerhammer entlang der geplanten Bruchstelle mit mehreren leichten Schlägen vorsichtig vor und anschließend mit Kantholz und Fäustel auseinander. Dabei entstehen schiefrige Bruchstellen, die meist nicht im rechten Winkel abspringen. Aber gerade diese Bruchkanten machen den Reiz von Trockenmauern aus Schiefer aus. Erhebliche Probleme ergeben sich an den Eckverbindungen. Im Gegensatz zu den homogenen Materialien von Sandstein und Muschelkalk kann der Anlauf nicht in das Gesicht geschlagen werden. Die Abweichungen über die Ecken müssen deshalb durch verstärkte Fugenausbildung ausgeglichen werden. Insofern gestaltet sich die Auslese für die Ecksteine bei Schiefersteinen besonders schwierig. Die trapezförmige Herstellung von Kronensteinen ist nicht möglich. Hier muss die Anpassung an den Geländeverlauf durch Abtreppung mit möglichst schweren Steinen erfolgen. Ähnlich wie der reine Tonschiefer sind auch geschieferte Sandsteine, Quarzite und Grauwacke zu bearbeiten. Die Eigenschaften der Ausgangsmaterialien unterscheiden sich allerdings erheblich. Insofern lassen sich natürlich keine allgemein gültigen Feststellungen treffen. Im Einzelfall sollte man sich vor Ort über die jeweilige Eigenschaft und Bearbeitbarkeit informieren.

Wegen der eingeschränkten Bearbeitbarkeit wird man Trockenmauern aus Schiefer vorwiegend als Bruchstein-Schichtenmauerwerk herstellen. Größere Fugen als bei dem exakt bearbeiteten Schichtenmauerwerk nimmt

Bruchstein-Schichtenmauerwerk aus Schiefer und Grauwacke. Viel besser kann man es nicht machen. Die Vielfalt der Steingrößen, die rustikale Struktur der Oberflächen und die lebendigen Fugenformen machen diese Mauer zu einem besonderen Bauwerk. Deutlich erkennbar ist der Verzicht auf exakt gearbeitete Stoßfugen. Von annähernd rechtwinkligen bis spitz zulaufenden Stößen sind viele Varianten vorhanden. Trotzdem geht von der Mauer der Eindruck solider Stabilität aus.

man dabei in Kauf. Gerade davon lebt aber so eine Trockenmauer aus Schiefer, weil sie vom Aspekt her ausgesprochen lebendig wirkt.

Die Steine werden nur geringfügig bearbeitet und Unebenheiten müssen dann durch schmale Platten und Splitter ausgeglichen werden. Bei der Aufmauerung ist die Auswahl der Steine von besonderer Bedeutung. Die Mischung von großen und kleinen Steinen ist entscheidend. Natürlich sind auch beim Verarbeiten von Schiefer die grundsätzlichen Regeln des Trockenmauerbaus zu beachten. Das bedeutet vor allem, dass auch genügend Bindersteine eingefügt und eine gut verkeilte Hintermauerung hergestellt werden. Trotz der größeren Fugen darf kein Stein wackeln. Der größte Aufwand bei dieser Arbeit ist nicht so sehr die Bearbeitung der Steine, sondern die Suche nach den jeweils passenden Formaten. Charakteristisch für Schiefermauern ist der Wechsel der Sichtflächen von rauen Bruchkanten und glatten Flächen, die bei der Entstehung des Gesteins durch Verwerfungen entstanden sind. Selbstverständlich kann bei den häufig wechselnden Steingrößen nicht direkt nach der Schnur gearbeitet werden. Vielmehr ist die Schnur mit einem größeren Abstand vom Mauerwerk zu spannen und nur als Orientierungslinie zu verwenden.

Ein Steilhang an der Nahe

Nahezu 70 % beträgt die Neigung dieses Weinberges im Tal der Nahe. Den Betrachter erwarten kleine Parzellen, seit langer Zeit mit alten Rotweinsorten bepflanzt, Stockerziehung der Reben und natürlich Trockenmauern. Trockenmauern aus Schiefer in Mischung mit Grauwacke. Das Steinmaterial, direkt vor Ort aus anstehendem Fels gewonnen, sehr ursprünglich, aber von geringer Qualität. Solch wuchtige und stabile Mauern mit diesen

Das Fundament für die Trockenmauer wird aus dem felsigen Untergrund herausgearbeitet. Deutlich erkennbar ist die anstehende, talwärts streichende Schichtung der Felsformation.

Steinen zu bauen ist eine Kunst, die hohe handwerkliche Fähigkeit, aber auch ein gerütteltes Maß an Kreativität erfordert. Wer das Vergnügen hat, den Feldmaurer Helge Ehmann bei der Arbeit beobachten zu können, kommt aus dem Staunen nicht heraus. Das beginnt schon bei der Fundierung. Nahezu jede Mauer ist auf dem anstehenden Schieferfels gegründet. Dieser Umstand mag ja für die Stabilität der Mauern zunächst positiv zu bewerten sein. Nur streichen die Felsformationen talwärts, mit der Folge, dass die Fundamente aus den Felsen in kleinen Stufen zum Hang herausgearbeitet werden müssen. Erst dann ist es möglich, das Fundament und die Mauern mit dem notwendigen Anlauf zum Hang zu erstellen.

Ohne die wuchtigen Trockenmauern wäre die Kultur der Reben an diesem Steilhang kaum möglich. Diese Mauern bürgen für Stabilität und Sicherheit. Die Steine strahlen durch ihre Farben wohlige Wärme aus. Sie sind aber nicht nur für das Landschaftsbild von Bedeutung, sie sorgen auch für ein Kleinklima, das eine hochwertige Weinqualität fördert. Letztlich bieten die geräumigen Fugen Lebensraum für viele geschützte Tiere. Gründe genug, solche Mauern zu erhalten, zu renovieren oder neu zu errichten.

Diese Mauer aus den südlichen Alpen besteht aus Quarzit und Gneis. Man kann sie als Mischung aus Findlingsmauer und Bruchstein-Schichtenmauerwerk bezeichnen. Mehr oder weniger deutlich erkennbar ist die Schichtung der Steine. Vielleicht vermittelt das extrem häufige Auszwicken der Sichtflächen den Eindruck einer geringen Stabilität. Trotzdem, die Stützmauer hat seit langer Zeit ihre Aufgabe erfüllt; lebendig, ausdrucksstark und urwüchsig bereichert sie die Landschaft und schafft wertvollen Lebensraum für viele Tiere.

Ein scheinbar ungeordneter Berg von Bruchsteinen steht zur Verfügung. Mit sichererem Gespür werden daraus die wichtigen Grundsteine für das Fundament, aber auch die Ecksteine herausgesucht. Beim ersten Versuch wird geprüft: Passt der Stein? Sind ansehnliche Sichtflächen vorhanden oder muss korrigiert werden? Nach kleinen Korrekturen mit dem Maurerhammer oder dem sorgfältigen Verkeilen mit flachen Splittern sitzt der Fundamentstein oder der Eckstein. Selten kommt es vor, dass die getroffene Steinauswahl verworfen wird. Aber auch dann verliert der Feldmaurer nicht die Geduld. In Ruhe sucht er sich einen neuen Stein aus und der passt dann fast immer – dies ist übrigens ein gutes Beispiel für alle, die den Bau von Trockenmauern lernen wollen. Man sollte sich Zeit nehmen, sich nicht von Misserfolgen entmutigen lassen und immer die Ruhe bewahren.

Natürlich braucht man Übung, und die sieht man dem Feldmaurer sofort an, wenn er nun im weiteren Verlauf seine Mauer hochzieht. Dabei verzichtet er – was weniger Geübten nicht empfohlen werden kann – weitgehend auf Schnurgerüst und Wasserwaage. Gelegentlich prüft er nach Augenschein die Flucht und den Anlauf und korrigiert diese, wenn es nötig ist.

Von der Ecke ausgehend passt er die zur Verfügung stehenden Steine in das Mauerwerk ein. Sorgfältig achtet er auf eine ausreichend dimensio-

nierte Hintermauerung, nicht ohne von Zeit zu Zeit Bindersteine mit möglichst großer Einbindetiefe zu verarbeiten. Bei jedem Stein wird kontrolliert, ob er so sitzt, dass er für die weitere Aufmauerung belastet werden kann. Es wird zunächst natürlich in Schichten gearbeitet. Aber da kommen auch Steine mit polygonalen Formen, Platten unterschiedlicher Dicke und sogar Steine mit Ausbuchtungen und herausragenden Ecken vor. Alle werden geschickt in das Mauergefüge eingepasst. So entsteht ein Bruchsteinmauerwerk besonderer Ausstrahlungskraft und Individualität.

Trockenmauern aus Quarzit

Quarzite sind in Europa, besonders in den Alpen, ein häufig vorkommendes Gestein.

Ähnlich wie Schiefer zeichnen sich Quarzite dadurch aus, dass sie eine geschichtete Struktur aufweisen, die durch nachträgliche Druck- und Temperatureinwirkung auf das Ausgangsgestein entstanden ist. Wegen des hohen Quarzanteils lässt sich das harte Gestein nur schwer bearbeiten. Quarzit kann zwar mit dem Flacheisen wie Schiefer gut gespalten werden. Probleme ergeben sich aber immer dann, wenn gegen die Lagerung gearbeitet werden muss. Dies mag wohl einer der Gründe sein, weshalb aus Quarziten, im Gegensatz zu Granit, vorwiegend Findlings- oder Bruchsteinmauern mit geringer Bearbeitung hergestellt werden.

Stützmauern und Treppen

In hängigem Gelände entsteht häufig die Notwendigkeit, in Verbindung mit der Errichtung von Stützmauern zur Sicherung des Hanges zusätzlich auch eine Wegverbindung über den Hang zu führen. Ab einer Steigung von etwa 20 bis 25 % wird das Begehen unbequem. Bei einer rauen Oberfläche, beispielsweise bei einer wassergebundenen Decke – kann man 25 % gerade noch tolerieren. Wenn allerdings die Wegbefestigung aus glatten Plattenbelägen besteht, wird die Benutzung, besonders bei Nässe, beschwerlich und unfallträchtig.

Treppenläufe

In vielen Fällen bietet es sich an, die Höhenunterschiede im Gelände zusammen mit Stützmauern und Treppen in Kombination zu überwinden. Dazu stehen im Wesentlichen zwei Lösungen zur Verfügung. Einmal kann der Treppenlauf mit dem Hang, also vertikal geführt werden. Damit ist die Treppe im rechten Winkel zur Stützmauer zu führen. Da bei Trockenmauern frei tragende Treppenläufe kaum in Frage kommen, muss in diesem Zusammenhang eine bis zur Basis reichende Untermauerung vorgenommen werden.

Wenn die Treppe parallel zum Hang geführt wird, kann die Treppe in das Mauerwerk der Stützmauer integriert werden. Dabei können die Stufen freitragend als Kragtreppe oder durch den Rücksprung der Mauer in der Länge des Treppenverlaufs auf das Mauerwerk aufgelegt werden.

In **Weinbergen** wird man meist mit vertikal verlaufenden Treppen arbeiten. Dies bietet sich schon aus arbeitstechnischen Gründen an. Darüber hinaus werden dort solche Treppenläufe auch zur Führung des Hangwassers genutzt. Bedingt durch die Terrassierung liegt der Treppenverlauf teilweise wesentlich tiefer und ist dann beidseitig mit Mauerbastionen eingefasst. Man spricht dann auch von einem sogenannten Schergang.

Solche Situationen bei Einfamilienhäusern sind häufig anzutreffen.

In **Grünflächen** kann man durchaus parallel und vertikal geführte Treppen nutzen, selbst in Kombination der beiden Varianten. Zur Raumgliederung und Anpassung an das Gelände erscheinen sie häufig sogar zweckmäßig.

Das Wohnhaus steht am Hang und ist so konzipiert, dass der Hauseingang für das Obergeschoss von der Straße aus ohne großen Höhenunterschied erreicht werden kann. In den Garten gelangt man aber durch Terrassentüren im Untergeschoss. Selbstverständlich wird man anstreben, einen Umgang um das Haus zu schaffen, ohne das Haus betreten zu müssen. Das erleichtert vor allem die Arbeit bei der Durchführung der Pflege. Der bei Geschossen übliche Höhenunterschied von etwa 240 cm kann bei der zur Verfügung stehenden Länge nicht mit einem Weg in der Böschung überwunden werden. Das scheitert auch daran, dass eine Böschung das Fenster im Untergeschoss zum Teil verfüllen würde.

Die gefundene Lösung bei diesem Beispiel überzeugt. Der Höhenversprung am Fenster wird durch eine etwa 150 cm hohe Stützwand aus trocken vermauertem Sandstein gesichert. Die Treppe schwingt in drei Teilen über den Hang, wobei das Mittelstück auf der dem Haus abgewandten Seite den Mauerabschluss bildet. Abgerundet wird die überzeugende Lösung durch die sorgfältig ausgewählte Pflanzung, aber auch durch Findlinge, Kies- und Wasserflächen.

Stufen, Handläufe und Geländer

Wenn Treppen verkehrssicher gebaut werden sollen, müssen einige Gesetzmäßigkeiten berücksichtigt werden. So orientieren sich die Abmessungen der Stufen zuerst an der Schrittlänge eines erwachsenen Menschen. Diese setzt sich aus der zweifachen Höhe der Stufe (s) + der Auftrittstiefe (a) zusammen. Die Werte müssen dann die Schrittmaßlänge von 63 ± 3 cm ergeben.

Formel für das **Schrittmaß**:
2 × Stufenhöhe (s) + Auftrittstiefe (a) = 63 ± 3 cm.

Allerdings sagt die Formel für das Schrittmaß noch nichts darüber aus, inwieweit die Stufen dann auch bequem zu begehen sind. Aus den unterschiedlichen Stufenmaßen lässt sich über die Bequemlichkeitsformel auch überprüfen, inwieweit das Besteigen der Treppe den geringsten Kraftaufwand erfordert. Dies geschieht wie folgt:

Formel für die **Bequemlichkeit**:
Auftrittstiefe (a) – Stufenhöhe (s) = 12.

Beim Begehen der Treppen von oben nach unten geschehen die meisten und folgenschwersten Unfälle. Stufen mit großer Auftrittstiefe bieten beim Herabsteigen ausreichend Halt für die Füße. Die Überprüfung des Stufenmaßes nach Sicherheit bietet diese Berechnung:

Formel für die **Sicherheit**:
Auftrittstiefe (a) + Stufenhöhe (s) = 46.

Stufen im Freien werden meist mit geringeren Höhen hergestellt als solche in Gebäuden. Gängig für den Außenbereich sind Stufenhöhen zwischen 12 und 18 cm. Die nachfolgenden Stufenmaße erfüllten alle die Anforderung an das Schrittmaß. Die Tabelle 3 ermöglicht die Kontrolle des jeweils gewählten Stufenmaßes auch nach Bequemlichkeit und Sicherheit.

Man sieht, dass Stufenhöhen von 17 cm mit einer Auftrittstiefe von 29 cm alle Forderungen nach Schrittmaß, Bequemlichkeit und Sicherheit erfüllen. Im Außenbereich neigt man allerdings eher zu geringeren Stufenhöhen, weil diese sich im Gelände besser integrieren lassen. Dabei sind

Tab. 3 Gängige Stufenabmessungen für Treppen im Außenbereich nach Schrittmaß, Bequemlichkeit und Sicherheit (Maße in cm)

Schrittmaß Soll 2 × s + a = 63 ± 3	Bequemlichkeit Soll a – s = 12	Sicherheit Soll a + s = 46
2 × 12 + 39 = 63	27	51
2 × 13 + 37 = 63	24	50
2 × 14 + 35 = 63	21	49
2 × 15 + 33 = 63	18	48
2 × 16 + 31 = 63	15	47
2 × 17 + 29 = 63	12	46
2 × 18 + 27 = 63	9	45

sehr flache Stufen weder bequem noch sicher. Auf den Baustellen wird man allerdings in Abhängigkeit von den örtlichen Verhältnissen immer Kompromisse schließen müssen. Treppen in Verbindung mit Trockenmauern sollten in jedem Fall zu größeren Stufenhöhen tendieren, weil dort die lose aufgelegten Stufen aufgrund ihres Gewichtes eine höhere Stabilität sichern. Als Stufenform kommen insofern nahezu ausschließlich Blockstufen in Frage. Bei vermörtelten Stufen auf Betonfundament können eher Leg- und Stellstufen verwendet werden.

Inwieweit bei Treppen im privaten Außenbereich Handläufe und Geländer erforderlich sind, wird auch bei Fachleuten unterschiedlich interpretiert. Nach den Bauordnungen der Länder wird in der Regel davon ausgegangen, dass ab einer Stufenzahl von mehr als drei ein Handlauf erforderlich wird. Diese Aussage hat zumindest im Bereich von Gebäuden Gültigkeit. Im privaten Außenbereich wird in vielen Fällen darauf verzichtet. Im Einzelfall ist aber zu prüfen, inwieweit es trotzdem angebracht ist, auch dort ein Geländer zum Schutz vor Unfällen anzubringen. Das gleiche gilt für die Anlage von Geländern. Wenn der Treppenlauf ein- oder zweiseitig offen ist, ist bei Absturzhöhen ab einem Meter Höhe ein Geländer notwendig. In privaten Grünflächen oder Weinbergen wird darauf allerdings fast immer verzichtet. Die technisch einwandfreie Befestigung von Handläufen und Geländern in Trockenmauern bietet nicht unerhebliche Probleme. Meist muss eine im Boden eingelassene Zusatzkonstruktion, z. B. aus Stahl oder Holz, errichtet werden. Die Befestigung im Mauerwerk selbst dürfte nur zu einer ungenügenden Festigkeit, ja sogar zum Lockern einzelner Steine und damit zur Gefährdung des gesamten Mauerwerks führen.

Treppen in Stützmauern – Ein Gartenbeispiel

Von einem vorhandenen Sitzplatz aus, soll, über einen relativ steilen Hang, ein Fußweg zu einer bereits an der Hangoberkante vorhandenen Treppe hergestellt werden. Die Böschung sollte so terrassiert werden, dass im Hang gut begehbare Pflanzflächen entstehen. Die Trockenmauern sollten lediglich eine Höhe erreichen, mit der sie vom talseitig vorhandenen Sitzplatz aus nicht als zu wuchtig empfunden werden. Insofern bot es sich an, nicht eine hohe Mauer mit einem großen Treppenlauf, sondern kleinere überschaubare Mauerriegel als Stützwände in den Hang zu setzen und kleinere Treppen zu integrieren. Nach dem Einmessen und der Festlegung der Mauerverläufe und Mauerhöhen wurde in einem ersten Schritt die untere Umfassungsmauer für den Sitzplatz errichtet.

Die Fachleute des Feldmaurerteams Bücheler haben aus Stubensandstein mit großem handwerklichen Geschick nach Erdaushub und Fundierung bereits einen Teil des Schichtenmauerwerkes errichtet. Die vertikal angeordnete Treppe mit den jeweiligen Schichten von Blockstufen zeugt schon durch ihre Abmessungen von großer Stabilität. Sorgfältig wurden die Stufen von der Ecke ausgehend gleichzeitig mit dem Mauerwerk hergestellt. Besonders die Stufen-Sichtseiten wurden gründlich bearbeitet. Die Kanten erhielten eine feine Scharrierung, was den exakten Stufenverlauf verdeutlicht und so einer besseren Begehbarkeit dient. Darüber hinaus sind die sichtbaren Stufenflächen sehr sauber bis zum Rand gespitzt – dies war durch das Scharrieren der Kanten gut möglich. Das Abplatzen der Kanten wird dabei weitgehend ausgeschlossen. Die Bearbeitung der Stufenlager erlangt besondere Bedeutung. Einerseits sollten sie möglichst eben sein,

Hier entsteht die untere Stützmauer am Sitzplatz.

Der obere Mauerriegel mit der horizontal angeordneten Treppe wird hergestellt.

Die Böschung ist terrassiert, die Treppenläufe verbinden nun den Sitzplatz mit den oberhalb vorhandenen Stufen.

um eine sichere Auflage zu gewährleisten. Darüber hinaus muss die Trittfläche zur sicheren Begehbarkeit aber auch ausreichend griffig bleiben. Durch Spitzen und Nacharbeit mit dem Zahneisen konnte dies in unserem Beispiel sehr gut erreicht werden. Die jeweiligen Stufen sind überlagernd aufgesetzt und in einen Verbund in die Mauer integriert.

Eine weitere Treppe konnte in die obere Stützwand eingebaut werden. Sehr Raum sparend wurden die Stufen durch einen Versatz in der Mauer in den Gesamtverbund der Steine eingefügt. Natürlich ist diese Lösung mit zusätzlichen Aufwendungen verbunden. So ist eine weitere Eckaufmauerung notwendig, die an dieser Stelle auch eine Verstärkung der Hintermauerung erforderlich macht. Damit kann dann die durch die Aussparung verursachte Schwächung in der Mauerstabilität ausgeglichen werden. Hervorragend gelöst erscheint der Eintritt des Treppenlaufes. Die Anordnung einer lang gestreckten, wuchtigen Steinplatte an dieser Stelle bewirkt eine gute Verbindung zwischen dem Treppenlauf und der Mauerecke. Eine zusätzliche Stabilisierung des Gesamtwerkes wird auch dadurch erreicht, dass die Stufen mauerseitig zumindest teilweise eingebunden sind. Ein kleiner Mangel ist allerdings dahingehend erkennbar, dass an der Innenecke des Mauerversatzes keine weitere Durchbindung hergestellt wurde und so eine senkrechte Fuge über vier Schichten entstanden ist.

Nach dem Bau der beiden Mauerriegel in Verbindung mit den vertikal und horizontal angeordneten Stufen wird der Planungsansatz der Maßnahme deutlich. Die Wegestrecken zwischen den Treppen sind zwar noch im Bau, aber der Höhenanschluss ist erreicht. Nach dem Anfüllen des Oberbodens kann eine lebendige Staudenpflanzung geschaffen werden. Die Mauern fügen sich harmonisch in den Hang ein, sodass in diesem Garten ein Kleinod aus Mauern und Pflanzung entsteht.

Treppen nur für Fortgeschrittene

Die nachfolgenden Beispiele horizontal angeordneter Treppen zeugen von hoher handwerklicher Fertigkeit, die man im Regelfall erst nach langer Übung erwerben kann.

Da ist einmal die Reparatur einer defekten Treppe innerhalb einer versetzt angeordneten Weinbergsmauer. Die Mauer wurde zunächst zum Teil abgebrochen und im Abschnitt der Treppe wieder hergestellt. Vorwiegend wurden die alten Steine nach geringfügigen Anpassungen wieder verwendet. Die alten Stufen waren nicht mehr brauchbar und wurden in vorbildlicher Weise von den Feldmaurern neu gefertigt. Die Stufen erhielten an der Rückseite einen Falz, der die Vorderkante der jeweils folgenden Stufe aufnehmen konnte. Schon die Auslese der Steine für die Stufen erforderte ein gutes Auge – mussten doch die Stufen an die Schichthöhen in der Mauer angepasst werden. Der dazu notwendige Falz auf der Hinterseite der Stufe musste so geschlagen werden, dass die Stufen vorn noch die geforderte Steigung erlaubten. Hinzu kam, dass die Stufen selbst alle das gleiche Stufenmaß aufweisen sollten, obwohl sie jeweils an unterschiedliche Schichten im Mauerwerk anschließen mussten. Um die Leistung der Feldmaurer angemessen zu würdigen, ist noch anzumerken, dass nahezu alle Stufen in das hintere Mauerwerk eingebunden werden konnten.

Von der Bearbeitung her wesentlich weniger aufwendig zeigt sich die zum Teil frei tragende Kragtreppe in einer Weinbergsmauer. Allerdings erfordert der Bau dieser rustikalen Stufen durchaus ein hohes Maß an Materialkenntnis und Geschick in der Fügung der Schichten und Stufen.

Eine Treppe im Mauerwerk, wie für die Ewigkeit gebaut.

Wuchtige Kragtreppe und Trockenmauer aus einem Guss.

Auch hier kommt der Auswahl der Stufensteine eine elementare Bedeutung zu. So müssen diese absolut frei von Fehlern im Gefüge sein, wenn später bei Belastung durch das Begehen, aber auch infolge von Witterungseinflüssen, Brüche und Unfälle ausgeschlossen werden sollen. Entscheidend für die Sicherheit ist natürlich der Grad der Einbindung in das Hintermauerwerk. Sicher wird man eine Einbindetiefe von mindestens einem Drittel der Stufenbreite annehmen müssen. In unserem Beispiel hat man aus Gründen der Sicherheit die Stufen nur zum Teil frei überstehen lassen, weil das Gestein doch teilweise klüftige Strukturen aufweist. Eine zusätzliche Sicherheit wird auch dadurch gewährleistet, dass die Stufen aufliegend übereinander angeordnet wurden, sodass ein Verbund der Stufen untereinander entstehen konnte.

Frei stehende Trockenmauern

Die statische Belastung von frei stehenden Trockenmauern kann als wesentlich geringer angesehen werden als dies bei Stützmauern der Fall ist. Allerdings gibt es auch hier unterschiedliche Funktionen, die sich sowohl auf die Bautechnik, als auch auf die Mauerhöhe und sogar auf die Masse der jeweiligen Bauwerke auswirken. Zunächst können natürlich frei stehende Mauern in ihren Ansichtsflächen ähnlich differenziert ausgebildet werden wie Stützmauern, also beispielsweise als Lesesteinmauer, Bruchsteinmauer, Schichtenmauer oder Zyklopenmauer. Frei stehende Mauern weisen im Regelfall zwei bzw. vier Sichtflächen auf; sie werden deshalb auch als zweihäuptige Mauern bezeichnet. Einige Beispiele werden nachfolgend vorgestellt.

Diese zweihäuptige Bruchsteinmauer (Foto links) dient zur räumlichen Gliederung eines Gartenraumes. Das Ausgangsmaterial aus rotem und grünem Sandstein wurde bei einem Gebäudeabbruch gewonnen. Die Steinformate wichen insofern stark voneinander ab, als einerseits vorgerichtete, annähernd rechtwinklige Quader, als auch, meist kleinere Findlingssteine, verfügbar waren. Trotzdem ist es dem Feldmaurer gelungen, ein ansprechendes Mauerwerk zu erstellen, das man als Bruchstein-Schichten-Findlingsmauerwerk bezeichnen kann. Die Mauer wurde ohne Anlauf hergestellt, was bei der geringen mechanischen Belastung des Bauwerks durchaus angemessen erscheint. Allerdings konnte die Verarbeitung der

Zweihäuptige Gartenmauer aus Sandstein.

Sichtschutzmauer aus Schiefer und Grauwacke.

Eingangslösung aus Trockenmauer-Pfeilern.

Steine am Mauerkopf damit erheblich erleichtert werden, weil das aufwendige Herrichten der Ecksteine mit Anlauf entfällt. Als vorbildlich bei diesem Beispiel kann die Verwendung der Quadersteine als Durchbinder am Mauerkopf bezeichnet werden. Sie geben der Mauer nicht nur optischen Halt, sie sorgen auch für eine entsprechende Stabilität in technischer Sicht. Solche Durchbinder mit der gleichen Zielsetzung wurden auch im weiteren Mauerverlauf von Zeit zu Zeit eingebaut.

Insgesamt können auch die Zuordnung der unterschiedlichen Steingrößen und das Fugenbild als gelungen bezeichnet werden. Wie bei fast allen Trockenmauern sind aber durchaus Verbesserungen möglich. So sind einige Steine im Hochformat eingebaut. Ungünstig wirkt sich auch die Verwendung der vier dünnen plattenförmigen Steine unterhalb der oberen Steinschicht aus.

Die Abdeckung der Mauer wurde als Rollschicht ausgebildet. Wie bei diesem Beispiel ersichtlich, benötigt man dazu an den Mauerenden ein ausreichend stabiles Widerlager in Form eines Steines mit entsprechendem Gewicht. Eine zusätzliche Festigkeit erhält die Rollschicht auch, wenn man sie gelegentlich in Aussparungen des darunter liegenden Mauerwerks einbindet.

Nicht überall wird man sich so eine tolle Natursteinmauer aus Schiefer und Grauwacke vorstellen können (Foto S. 90 rechts). Aber in größeren Gärten, in öffentlichen Grünanlagen und überall dort, wo man windgeschützte Sitzplätze, intime Räume und Sichtschutz benötigt, wird man an diesem Mauerwerk seine große Freude haben. Denkbar wäre so eine Mauer auch als Tragkonstruktion für die Überdachung eines Sitzplatzes oder als Unterkonstruktion für eine rustikale Pergola. Von Interesse erscheint solches Mauerwerk aber auch in Verbindung mit dem Lärmschutz zu sein, da aufgrund der Masse und der Oberflächentextur sowohl eine erhebliche Reduktion des Luftschallpegels als auch eine beidseitige Absorptionsleistung gegeben sein dürften. Die Wand mit allseitigem Anlauf besticht durch die lebendige Struktur und Farbigkeit der verwendeten Steine, aber auch durch die sorgfältige Fügung der Steine im Verbund.

An den Eckaufmauerungen wird aber deutlich, wie schwierig es ist, den Anlauf der Steine in das Gesicht der Steine zu schlagen. An einigen Stellen im unteren Bereich der Vorderseite ist zu sehen, wie durch Fugenausgleich und Schrägstellung der Steine diesem Problem begegnet werden kann.

Trocken gemauerte Torpfeiler aus Naturstein stellen im Grunde ein doppelhäuptiges Mauerwerk mit vier Sichtseiten dar. Auf dem Bild Seite 91 werden die Schwierigkeiten bei der Herstellung solcher Projekte deutlich. Jeder Stein wirkt sich nicht nur auf die jeweilige Sichtfläche aus, sondern er beeinträchtigt auch die Sichtseite für die Steinauswahl der gegenüber liegenden Seite. Die Ecksteine müssen sogar auf die Gestaltung von drei Sichtflächen hin ausgewählt werden. Für die Festigkeit der Pfeiler und die Bautechnik bieten sich voll durchbindende Steine an, bei denen beidseitig Sichtflächen angearbeitet werden können. Bei den durchbindenden Steinen an den Ecken können dann nicht nur die beiden Enden, sondern auch eine Seite des Steines als Sichtfläche ausgebildet werden.

Insgesamt sollten für Pfeiler möglichst wuchtige Steinformate gewählt werden, damit bei den zu erwartenden Belastungen, z. B. durch Stöße bei Materialtransporten oder gar Berührungen mit Fahrzeugen, Einzelsteine nicht aus dem Verband herausgelöst werden können. Pfeiler benötigen für die funktionssichere Befestigung von Türen eine starre Konstruktion mit geringer Abweichungstoleranz. Steine des Trockenmauerwerkes können diese Anforderung kaum erfüllen. Dort besteht immer die Gefahr, dass sich nach den bei Trockenmauerwerk immer zu erwartenden Bewegungen die Aufhängung und das Schloss verschieben. Wie auf unserem Bild erkennbar, sollten die Aufhängung und die Installation für das Schloss auf Edelstahlprofilen vor der Aufmauerung fest im Boden einbetoniert werden. Die Pfeiler werden dann nachträglich erstellt und die nach außen ragenden Stahlprofile für die Türaufhängung und das Schloss ausgespart.

Unser handwerklich überzeugender Eingang aus Trockenmauer-Pfeilern wird gekrönt durch einen Pflanztrog, der aus einem Sandstein-Monolithen herausgearbeitet wurde.

Bau von Spannbögen

Mit Bögen im Mauerwerk kann man die Lasten des über dem Bogen liegenden Mauerwerkes seitlich ableiten. Sie werden deshalb auch als Entlastungsbogen bezeichnet. Notwendig werden solche Bögen, wenn im Trockenmauerwerk ein Durchgang oder eine andere Öffnung, z. B. der Durchfluss eines Wasserlaufes, vorgesehen ist. Gelegentlich sieht man statt eines Bogens zur Lastverteilung auch eine Lösung dahingehend, dass über der Aussparung ein entsprechend langer Stein als waagerechter Sturz verwendet wird. Ähnlich geschieht das beim Mauerwerk mit Stahlbetonstürzen. Stürze aus Naturstein sind aber schwer zu beschaffen. Nachteilig wirkt sich auch aus, dass ein Teil der Auflast im Sturz nicht als Druck, sondern als Zug wirksam wird. Da aber Natursteine wesentlich höher auf Druck als auf Zug belastbar sind, bieten sich Lösungen an, die über den Steindruck wirken.

Beim Spannbogen leiten die keilförmigen Steine den vertikal wirkenden Druck der Auflast infolge der Keilform der Steine jeweils seitlich weiter. Zuletzt wirkt der Druck dann senkrecht auf den Fundament- oder Pfostenstein. Eine wesentliche Zugbelastung findet insofern nicht statt. Im Gegensatz zur Bauweise mit einem Sturz wird allerdings eine Hilfskonstruktion

Hilfskonstruktion zur Herstellung eines Spannbogens.

Der „Probelauf“ für den Spannbogen.

notwendig, weil das System erst wirksam wird, wenn der Bogen völlig geschlossen ist. Im Bereich der Fundamentsteine ist das Fundament auf mindestens 60 cm Tiefe zu verstärken.

Für den Spannbogen wird zunächst die Hilfskonstruktion aus Holz gefertigt. Dazu kann man großflächige Tafeln aus Spanplatten oder Seekiefer verwenden. Im vorher festgelegten Radius werden mehrere Schichten aus den Platten herausgesägt. Damit man eine möglichst stabile Auflage für die Bogensteine erhält, sollte die Bogenkonstruktion mindestens 30 cm breit sein. Unter Umständen können die Bögen aus den Spanplatten mit Kanthölzern verschraubt werden. Natürlich besteht auch die Möglichkeit, mehrere Bögen ohne Kantholz zusammen zu fügen. Der Aufwand für die Sägearbeit erhöht sich aber entsprechend. Nach der Fertigstellung des Bogens können Lattenstücke in der gewünschten Breite auf den Bogen aufgenagelt oder verschraubt werden. Im Bereich der Bogenspitze sind die Dachlatten dicht an dicht zu befestigen, weil an diesen Stellen der trapezförmige Schlussstein und die daran anschließenden Steine genau eingerichtet werden müssen.

Theoretisch könnte man nach der Fertigstellung der Hilfskonstruktion mit der Aufmauerung beginnen. In der Praxis hat sich aber gezeigt, dass man den Aufwand nicht scheuen sollte, zunächst die Steine für den Bogen komplett zusammen zu stellen. Dazu werden zunächst die beiden Widerlagersteine zugeschlagen. Da diese die Gesamtlast über dem Bogen aufnehmen sollen, erscheint es zweckmäßig, dazu möglichst massige Quader zu verwenden. An der Basis sind die Widerlager in der Waagerechten herzurichten, damit die Druckübertragung verschiebungsfrei in das Fundament erfolgen kann. Die Außenkante sollte möglichst senkrecht ausgebildet sein, weil hier der Anschluss beidseitig an das Schichtenmauerwerk erfolgt. Die Innenkante der Widerlager sollte nach Möglichkeit bereits der Rundung des Spannbogens angepasst werden. Der rechte Quader muss auf unserem Bild noch etwas nachgearbeitet werden. Besonders wichtig erscheint aber die Ausrichtung des oberen Lagers. Dieses soll nach Möglichkeit so geschla-

Aufmauern von Spannbogen und Trockenmauer.

gen werden, dass die Flucht in Richtung Kreismittelpunkt zeigt. Das ist in unserem Beispiel schon sehr gut gelungen. Im weiteren Verlauf werden nun passende Steine ausgelesen, die bereits Trapezform aufweisen. Die beiden Stoßkanten sollten in Richtung Kreismittelpunkt zeigen. Natürlich wird man kaum eine ausreichende Zahl von bereits passenden Steinen finden. Mithilfe einer am Kreismittelpunkt befestigten Schnur lassen sich jedoch die beiden Fluchten des jeweils aufgelegten Steines anzeichnen. Anschließend wird der Stein abgenommen, gerichtet und wieder aufgelegt. Man beginnt beidseitig und arbeitet sich dann nach oben. Die letzten Steine sollten möglichst passgenau geschlagen werden, damit der Schlussstein satt sitzt und somit die notwendige Spannung erzeugt wird. Nun können die Steine nummeriert und wieder abgebaut werden.

Die Hilfskonstruktion wird nun in der Mauerflucht an der vorgesehenen Fläche aufgebaut. Dabei ist darauf zu achten, dass der Untergrund sauber geglättet und verdichtet ist. In unserem Fall erfolgte die Ausrichtung mit Kanthölzern. Dies hat den Vorteil, dass man später, wenn eine nicht unwesentliche Last aufliegt, durch das Wegschlagen oder Heraushebeln eines Kantholzes die Spannung löst und die Hilfskonstruktion leichter herausnehmen kann.

Im weiteren Verlauf werden die Bogensteine entsprechend der Nummerierung aufgelegt. Danach erfolgt beidseitig die Heranführung des Schichtenmauerwerkes an die Bogensteine.

Die Anpassung der jeweiligen Schicht gehört zu den schwierigsten Aufgaben. Vor allem, wenn sich die Enden der Bogensteine nahezu auf gleicher Höhe befinden, müssen gelegentlich auch Kompromisse gefunden werden. Wenn irgend möglich, werden die Schichtenmauersteine an die

Bögen angepasst. Wie man sieht, müssen aber auch Bogensteine nachgerichtet werden, um einen sauberen Anschluss zu sichern.

Wenn die Mauer steht, kann man die Hilfskonstruktion entfernen. Geringfügig wird sich das Mauerwerk dann noch setzen. Wenn die Steine sauber gefügt sind, hat dies aber keinen Einfluss auf die Stabilität.

Baumängel bei Trockenmauern

Um es mit aller Ehrlichkeit zu sagen: Kaum eine Trockenmauer wird absolut mängelfrei herzustellen sein. Vielleicht geschieht das bei Mauerwerk, das aus gleich großen Steinen besteht, die maschinell exakt vorbereitet und nachgerichtet wurden. So eine Mauer erinnert aber dann schon sehr an ein Bauwerk aus Ziegel oder Betonstein. Es ist weit entfernt von der Ausstrahlungskraft eines Findlings-, Bruchstein- oder Schichtenmauerwerks. Kleine Mängel findet man auch bei Trockenmauern, die von erfahrenen und kreativen Feldmaurern errichtet wurden. Allerdings gibt es auch Fehler, die nicht toleriert werden können – vor allem, wenn sie sich so häufen, dass nicht nur das Aussehen, sondern auch die Stabilität der Mauern gefährdet ist. Auf einige wesentliche Mängel soll nachfolgend aufmerksam gemacht werden.

Schäden an Trockenmauern – häufige Ursachen

- Mauerbrüche durch Setzungen im Untergrund.
- Nicht verbesserte Fundamentsohle bei stark bindigen Böden.
- Zu geringe Dimensionierung der Hintermauerung.
- Mangelhafte Hintermauerung, z. B. lediglich Hinterfüllung mit Schotter.
- Ungenügende Anzahl von Bindersteinen.
- Mauersprengungen durch einwachsende Wurzeln von Sträuchern und Bäumen.
- Teilreparaturen mit Mörtelmauerwerk.
- Durchgehende Stoßfugen.
- Zu geringe Überbindung der Läufersteine.
- Verwitterungsschäden infolge ungeeigneten Steinmaterials.
- Kleinformatige Steine an der Mauerkrone und den Mauerecken.
- Nicht satt aufliegende Steine ohne Verkeilung.
- Gleitschicht aus eingeschlämmten Lehm oder Ton in den Lagerfugen.

Baumängel bei Trockenmauern

1 Bei diesem Schichtenmauerwerk aus Sandstein hat sich ein Teil des Vormauerwerks gelöst und ist abgestürzt. Die Hintermauerung war aber so stabil, dass sie dem Böschungsdruck trotzdem noch standgehalten hat. Im Nachhinein kann leider nicht festgestellt werden, aus welchem Grund der Schaden entstanden ist. Zu vermuten ist aber Hangwasser in Verbindung mit einer unzureichenden Verzahnung infolge fehlender Bindersteine. Nicht ausgeschlossen werden kann in diesem Fall aber auch, dass eine mangelhafte Fügung der Vormauerung, z. B. infolge ungenügender Verzahnung wegen durchlaufender senkrechter Fugen, den Schaden verursacht hat. Bei der jetzt sichtbaren Reparatur wird aber ein häufig festzustellender Fehler deutlich.
Man versucht, das beschädigte Trockenmauerwerk mit Zementmörtel zu stabilisieren. Das geht sicher schief! Es ist erkennbar, dass zunächst die verbliebene Hintermauerung mit Mörtel beworfen und damit abgedichtet wurde. Anschließend wurde die Vormauerung mit geschlossenen Fugen ebenfalls vermörtelt. Es fällt nicht schwer, die Konsequenzen dieser „Reparatur" vorauszusehen. So wird die Vermörtelung der Lager- und Stoßfugen einschließlich der Hintermauerung zu einer starren, weitgehend wasserundurchlässigen Wand führen. In der Folge wird es im Winter zu Frostsprengungen kommen. Das gesamte Mauerwerk wird an mehreren Stellen reißen, weil das ursprünglich für die Trockenmauer erstellte labile Fundament sich heben und senken kann und diese Bewegungen auf die starre Wand weiterleitet. Der einzig richtige Weg wäre hier der Abbau der eingestürzten Wand einschließlich der Hintermauerung, der Anschluss an das stabile Trockenmauerwerk mit sorgfältig gefügtem Schichtenmauerwerk und die Verwendung von ausreichend Bindersteinen.

2 Bei dieser niedrigen Trockenmauer wurden die unteren vier Schichten bis auf eine Kreuzfuge mit vertretbarer Qualität hergestellt. Die Erhöhung der Mauer mit dünnen Platten stellt allerdings das ganze Projekt in Frage. Bei der geringsten Störung werden die Steine aus dem Gefüge gelöst. Ein permanenter Ärger mit losen Platten ist vorprogrammiert.

3 Das Mauerwerk bei diesem Treppenaufgang zeigt erhebliche Schwächen an der Eckausbildung. Das winzige Steinchen in der zweiten Reihe von unten wurde nachträglich mit Mörtel und mehreren Splittern angeflickt. Offensichtlich wurde ohne Schnurgerüst gearbeitet. Die Kronensteine hängen teilweise mit Gegengefälle im Mauerwerk. Dieses wurde nicht mit trockenen Fugen, sondern auf Splitt verarbeitet. Schäden im rechten Teil der Mauer wurden nachträglich mit Mörtel verschmiert.

4 Im Grunde stellt sich hier zum größten Teil ein fachlich einwandfreies Mauerwerk dar. Die Lager- und Stoßfugen passen und die Steine sind ordentlich gefluchtet. Aber zwei wesentliche Abstriche sind zu machen. So wurde es versäumt, den Geländeanschluss mit trapezförmigen Steinen zu fertigen. Dafür wären etwas größere Steine erforderlich gewesen. In Verbindung mit gelegentlichen Wechslern wäre der Aufwand nicht erheblich größer gewesen als das Richten der zum Teil sehr kleinen spitzwinklig geformten Dreiecksteine. Die gesamte Kronenausbildung wird dadurch mangelhaft. Im oberen Bereich ist kein Verbund vorhanden, die Kronensteinchen fallen leicht ab, es entsteht eine Abtreppung mit erneuter Labilität der Krone. Ein weiterer gravierender Mangel ist am Anschluss zwischen neuem und altem Mauerwerk erkennbar. Hier verläuft eine an nur einer Stelle unterbrochene senkrechte Fuge nahezu über die ganze Höhe der Mauer. So eine Leistung kann nicht abgenommen werden!

5 Diese Mauer soll einen darüber liegenden Sitzplatz sichern. Diese Funktion dürfte in hohem Maße gefährdet sein. Während im rechten Teil noch eine gewisse Ordnung erkennbar ist, macht der übrige Teil eher den Eindruck eines Lesesteinhaufens, bei dem die Steine willkürlich aufeinander geworfen wurden. Dabei würde sich das vorhandene Steinmaterial durchaus für eine Bruchstein-Schichtenmauer eignen. Der derzeitige Zustand dürfte wohl auf einen Mauerbruch infolge Senkung der Fundamentsohle zurückzuführen sein.

6 Das durchaus akzeptable Schichtenmauerwerk ist im hinteren Bereich durch einen Mauerbruch vollständig beschädigt. Es ist anzunehmen, dass eine ungenügende Hintermauerung dafür verantwortlich war, denn alle Fugen sind mit Boden ausgefüllt. Hier hilft nur eine vollständige Sanierung mit Abbruch und Neubau.

7 Man sieht, dass hier beim Aufmauern ein Schnurgerüst gefehlt hat. Die Steine weisen keine ordentliche Schichtung auf. Das gilt vor allem für die Anschlüsse an die Ecksteine. Senkrecht durchgehende Fugen über drei bis vier Schichten ergänzen das mangelhafte Werk.

8 Eigentlich ist hier das Mauerwerk soweit in Ordnung. Bei genauem Hinsehen fällt aber auf, dass im rechten Drittel eine ganze Reihe von Steinen nur eine geringe Überdeckung aufweist. An diesen Stellen hat sich bereits eine treppenartige Fugenverbreiterung ergeben, die auf Setzungsvorgänge hinweist. Offensichtlich hat sich der Untergrund an dieser Stelle gesetzt, und die unzulängliche Verzahnung im Mauerwerk konnte diese Veränderung nicht ausgleichen.

5

6

7

8

Bepflanzung von Trockenmauern

Grundsätzlich kann die Bepflanzung von Trockenmauern in drei Bereichen erfolgen. Diese sind bezüglich ihrer Standortvoraussetzungen sehr differenziert zu betrachten. Sie wirken sich vor allem hinsichtlich der Pflanzzeit, der Verfügbarkeit von Wasser und Nährstoffen und natürlich auch der Pflanzenauswahl aus. So ist der Standort „Mauerkante", also der Bereich oberhalb der Mauerkrone, gekennzeichnet durch einen gewissen Wassermangel, weil die Bodenüberdeckung meist nur wenige Zentimeter beträgt und das Überschusswasser rasch durch die Hintermauerung versickern kann. Allerdings werden diese Flächen durch Niederschläge mit Wasser und im Fall von Hangwasser auch mit Nährstoffen versorgt.

Am „Mauerfuß" sind die Voraussetzungen für erlebnisreiche Pflanzungen am besten, sodass man dort die wenigsten Einschränkungen machen muss.

Schwieriger gestaltet sich die Bepflanzung der Mauer selbst, also der Bereich der „Mauerfugen", in denen die Wasserversorgung eingeschränkt ist. Auch der geringe Raum für die Durchwurzelung und die bescheidene Nachlieferung von Nährstoffen schränken die Pflanzenauswahl stark ein. Hinzu kommen extreme Temperaturschwankungen und Temperaturspitzen durch die Aufheizung der Steine. Alle drei Bereiche variieren natürlich noch zusätzlich je nach sonnigen oder schattigen Standorten.

Bepflanzung von Fugen

Man sollte davon ausgehen, dass Trockenmauern nicht flächendeckend zugepflanzt werden. Vielmehr erfolgt die Fugenbepflanzung punktuell. Wenn irgend möglich, sollte die Pflanzung zusammen mit der Aufmauerung geschehen. Damit ist sicher zu stellen, dass für die ausgewählten Pflanzen ausreichend Substrat zur Verfügung gestellt werden kann. Selbstverständlich wird nur in den Stoßfugen gepflanzt. Gelegentlich sieht man auch den Versuch, Trockenmauern mit Erdmaterial in den Lagerfugen zu vermauern. Solche Mauern bieten weder für die Pflanzen gute Voraussetzungen, noch erfüllen sie die elementare Forderung nach ausreichender Stabilität, denn diese Mauern können schon beim nächsten Regen davonschwimmen. Also keine Pflanzen und Substrate in die Lagerfugen!

Substrate, Pflanzenqualität und Pflanzzeitpunkt

Man kann sich das Substrat für die Fugenpflanzung selbst zusammenstellen. Geeignet ist beispielsweise eine Mischung aus jeweils einem Drittel Rindenkompost, gebrochenem Blähton oder Lavasplitt und Gartenerde. Im Handel sind auch fertige Pflanzerden erhältlich, die sich ebenfalls eignen. Grundsätzlich kann aber empfohlen werden, spezielle Substrate aus der extensiven Dachbegrünung zu verwenden. Diese bestehen überwiegend aus porigen mineralischen Bestanteilen wie Blähton, Blähschiefer, Lava oder Ziegelsplitt mit einem geringen Anteil an organischen Zuschlägen. Auf der sicheren Seite ist man, wenn man geprüfte Produkte der „Gütegemeinschaft Substrate für Pflanzen e. V." für die Extensivbegrünung verwendet. Diese unterliegen einer regelmäßigen Fremd- und Eigenkontrolle und können das RAL-Gütezeichen RAL-GZ 250/4-6 nachweisen.

Wichtig ist, dass nicht nur die Fuge selbst, sondern auch ein ordentlicher Raum mit etwa 5 Liter je Pflanze hinter der Sichtmauer in der Hintermauerung mit Substrat verfüllt wird. Die Hintermauerung muss natürlich an dieser Stelle besonders dicht mit Schroppen ausgezwickt werden, damit das eingebrachte Substrat nicht nach unten auswandern kann. Statt mit Substrat kann auch mit rein mineralischen Stoffen wie Blähton, Blähschiefer oder Lava der Körnung 2 bis 12 mm verfüllt werden. Diese Stoffe speichern in ihren Poren ausreichend Wasser und unterliegen im Gegensatz zu Torf oder Rindenhumus keiner Zersetzung.

Im Regelfall wird man in die Fugen ausschließlich Stauden oder Kleinstgehölze pflanzen, die langfristig keinen Wurzeldruck auf die Mauern ausüben können. Stauden werden üblich in 9 oder 11 cm großen Topfballen angezogen. Wenn die Pflanzung außerhalb der Vegetationszeit erfolgt, kann der Topfballen auseinander gedrückt werden. Man kann dann die Wurzeln vorsichtig in die Länge ziehen, sodass diese schon gleich nach der Pflanzung in das Substrat in der Hintermauerung reichen. Während der Vegetationszeit sollte der Ballen aber nur zusammengedrückt werden, um ein sicheres Anwachsen zu gewährleisten.

Die Pflanzung von Stauden im Topfballen erfolgt am besten gleichzeitig mit den Mauerarbeiten. Substrat und Pflanzen werden praktisch mit vermauert. Damit ist sicher gestellt, dass ausreichend Substrat zur Verfügung steht.

Schwieriger gestaltet sich das Pflanzen und das Einbringen von Substrat, wenn dies erst nach der Fertigstellung der Mauer erfolgt. Das Substrat muss dann von vorn in die Fugen eingefüllt werden. Dazu nimmt man ein Brett oder noch besser eine große Holzkelle mit Griff. Darauf füllt man ein paar Liter Substrat und schiebt dieses mit einem passenden Hölzchen (etwa 2 × 4 cm) in die Fuge. Es leuchtet ein, dass sich diese Methode zeitaufwendiger gestaltet und meist nur eine unzureichende Menge Substrat in die Hintermauerung gelangt. Die Fuge wird dann nach vorn mit dem Pflanzballen abgeschlossen. Dazu beschafft man sich zweckmäßig Pflanzen in Kleinballen von 4 cm Größe. So eine nachträgliche Pflanzung sollte am besten im zeitigen Frühjahr erfolgen.

Hinweise zur Fugenbepflanzung

- Pflanzung möglichst gleichzeitig mit der Erstellung der Mauer.
- Bepflanzung ausschließlich in den Stoßfugen.
- Fertiges Pflanzsubstrat, möglichst mit RAL-Gütezeichen verwenden.
- Ausreichend Substrat in der Hintermauerung einbringen.
- Verwendung von Pflanzgut gemäß der Gütebestimmungen für Stauden der FLL.

Pflanzenauswahl für die Fugenbepflanzung

Die richtige Pflanzenart für die Fugenbegrünung auszuwählen ist nicht einfach. Man sollte sich nicht nur auf eine Art verlassen. Die Vielfalt mindert das Risiko. Nachfolgend wird eine Auswahl geeigneter Arten für die Fugenbegrünung vorgestellt. Auf Sorten wurde bis auf wenige Arten verzichtet. Falls die reinen Arten im Handel nicht beschafft werden können, sind natürlich auch Sorten verwendbar, die meist eine intensivere Färbung der Blüten aufweisen. Wildarten wie *Aurinia saxatilis*, *Dianthus gratianopolitanus*, *Helianthemum canum*, *Sempervivum tectorum* und einige *Asplenium*-Arten unterliegen der Bundesartenschutzverordnung oder sind in ihrem Bestand gefährdet, dürfen aber aus Anzuchtbeständen beschafft und verwendet werden.

Tab. 4 Stauden zur Fugenbegrünung in sonniger bis absonniger Lage

Botanischer Name	Deutscher Name	Wuchshöhe in cm	Blütezeit	Blüten-farbe
Allium carinatum subsp. *pulchellum*	Schöner Lauch	20 bis 30	VI bis VIII	gelb
Allium flavum subsp. *flavum* var. *minus*	Gelber Zwerglauch	5 bis 10	VI bis VIII	gelb
Anthemis tinctoria	Färber-Hundskamille	10 bis 15	V bis VI	gelb
Artemisia stelleriana	Silber-Wermut	15 bis 20	VII bis VII	weiß
Aurinia saxatilis	Felsen-Steinkresse	10 bis 20	IV bis V	gelb
Campanula garganica	Gargano-Glockenblume	10 bis 15	VI bis VII	blau
Campanula poscharskyana	Hängepolster-Glockenblume	10 bis 15	VI bis VII	violett
Campanula tommasiniana	Hänge-Glockenblume	15 bis 20	VII bis VIII	blau
Cerastium tomentosum	Filziges Hornkraut	10 bis 15	V bis VI	weiß
Ceratostigma plumbaginoides	Kriechende Hornnarbe	15 bis 20	VIII bis X	blau
Dianthus gratianopolitanus	Pfingstnelke	10 bis 15	V bis VI	rosa
Draba lasiocarpa	Karpaten-Felsenblümchen	10 bis 15	III bis IV	gelb
Euphorbia cyparissias	Zypressen-Wolfsmilch	10 bis 20	V bis VII	gelblich
Gypsophila repens 'Rosea'	Kriechendes Gipskraut	10 bis 15	V bis VII	rosa
Helianthemum canum	Graues Sonnenröschen	10 bis 15	V bis VI	gelb
Iberis saxatilis var. *saxatilis*	Felsen-Schleifenblume	15 bis 20	IV bis V	weiß
Jovibarba globifera subsp. *arenaria*	Sand-Fransen-Hauswurz	5 bis 10	VII bis VIII	gelblich
Linum flavum 'Compactum'	Gelber Lein	20 bis 25	VI bis VIII	gelb
Moltkia petraea	Felsen-Moltkie	10 bis 20	VI bis VII	blau
Potentilla incana	Aschgraues Sand-Fingerkraut	5 bis 10	IV bis V	gelb
Saponaria ocymoides	Kleines Seifenkraut	15 bis 20	VI bis VII	rot
Saxifraga longifolia	Pyrenäen-Steinbrech	15 bis 20	VI bis VII	weiß
Saxifraga paniculata subsp. *paniculata*	Rispen-Steinbrech	15 bis 20	VI bis VII	weiß
Sedum cauticola	Felsen-Fettblatt	10 bis 15	VIII bis IX	purpur
Sempervivum arachnoideum	Spinnweben-Hauswurz	5 bis 10	VI bis VIII	rosarot
Sempervivum arachnoideum subsp. *arachnoideum*	Gewöhnliche Spinnweben-Hauswurz	5 bis 10	VII bis IX	rosa
Sempervivum tectorum	Dachwurz	5 bis 10	VI bis VII	rosa
Silene schafta 'Splendens'	Leimkraut	5 bis 10	VIII bis IX	rosa
Thymus serpyllum	Sand-Thymian	5 bis 10	VII bis VIII	rosa

Stauden zur Fugenbegrünung in sonniger und absonniger Lage

1 Aurinia saxatilis (Felsen-Steinkresse)

2 Campanula garganica (Gargano-Glockenblume)

3 Campanula poscharskyana (Hängepolster-Glockenblume)

4 Campanula tommasiniana (Hänge-Glockenblume)

5 Cerastium tomentosum (Filziges Hornkraut)

6 Ceratostigma plumbaginoides (Kriechende Hornnarbe)

7 Draba lasiocarpa (Karpaten-Felsenblümchen)

8 Euphorbia cyparissias (Zypressen-Wolfsmilch)

Stauden zur Fugenbegrünung in sonniger und absonniger Lage (Fortsetzung)

9 Gypsophila repens 'Rosea' (Kriechendes Gipskraut)

10 Helianthemum canum (Graues Sonnenröschen)

11 Iberis saxatilis var. saxatilis (Felsen-Schleifenblume)

12 Jovibarba globifera subsp. arenaria (Sand-Fransen-Hauswurz)

13 Jovibarba globifera subsp. arenaria (Sand-Fransen-Hauswurz)

14 Potentilla incana (Aschgraues Sand-Fingerkraut)

15 Saponaria ocymoides (Kleines Seifenkraut)

Stauden zur Fugenbegrünung in sonniger und absonniger Lage (Fortsetzung)

16 Saxifraga longifolia (Pyrenäen-Steinbrech)

17 Saxifraga longifolia (Pyrenäen-Steinbrech)

18 Sedum cauticola (Felsen-Fettblatt)

19 Sempervivum arachnoideum (Spinnweben-Hauswurz)

20 Sempervivum arachnoideum subsp. arachnoideum (Gewöhnliche Spinnweben-Hauswurz)

21 Sempervivum tectorum (Dachwurz)

22 Thymus serpyllum (Sand-Thymian)

Tab. 5 Farne, Stauden und Gräser zur Fugenbegrünung in halbschattiger und schattiger Lage

Name	Deutscher Name	Wuchshöhe in cm	Blütezeit	Blütenfarbe
Asplenium ceterach	Schriftfarn	10 bis 15	–	–
Asplenium ruta muraria	Mauer-Streifenfarn	5 bis 10	–	–
Asplenium trichomanes	Brauner Streifenfarn	5 bis 10	–	–
Bergenia purpurascens 'Baby Doll'	Bergenie	20 bis 25	IV bis V	rosa
Campanula poscharskyana	Hängepolster-Glockenblume	20 bis 30	VI bis VII	blau
Carex ornithopoda	Vogelfuß-Segge	10 bis 15	IV bis VI	gelblich
Glechoma hederacea	Gewöhnlicher Gundermann	10 bis 15	IV bis VI	violett
Haberlea rhodopensis	Haberlee	10 bis 15	V	violett
Oxalis acetosella	Wald-Sauerklee	10 bis 15	IV	weiß
Primula auricula subsp. *auricula*	Gewöhnliche Alpen-Aurikel	15 bis 20	IV bis VI	gelb
Pseudofumaria lutea	Gelber Scheinlerchensporn	20 bis 30	IV bis X	gelb
Ramonda myconi	Felsenteller	10 bis 15	V	violett
Saxifraga × urbium	Porzellanblümchen	20 bis 30	V bis VI	rosa
Saxifraga caespitosa	Polster-Steinbrech	5 bis 10	V bis VI	weiß
Viola reichenbachiana	Wald-Veilchen	10 bis 15	IV bis V	violett

Stauden, Farne und Gräser zur Fugenbegrünung im Schatten und Halbschatten

23 Asplenium ceterach (Schriftfarn)

24 Asplenium ruta muraria (Mauer-Streifenfarn)

25 Asplenium trichomanes (Brauner Streifenfarn)

26 Bergenia purpurascens 'Baby Doll' (Bergenie)

27 Carex ornithopoda (Vogelfuß-Segge)

28 Glechoma hederacea (Gewöhnlicher Gundermann)

Stauden, Farne und Gräser zur Fugenbegrünung im Schatten und Halbschatten (Fortsetzung)

29 Haberlea rhodopensis (Haberlee)

30 Primula auricula subsp. auricula (Gewöhnliche Alpen-Aurikel)

31 Pseudofumaria lutea (Gelber Scheinlerchensporn)

32 Oxalis acetosella (Wald-Sauerklee)

33 Viola reichenbachiana (Wald-Veilchen)

Unterhalt von Trockenmauern

Wenn beim Bau der Mauern sorgfältig gearbeitet wurde, fallen nur in geringem Maße Aufwendungen für den Unterhalt an. Wie bereits ausgeführt, entstehen Probleme besonders dann, wenn die Fundamentsohle ungenügend verdichtet wurde, wenn eine zu geringe Anzahl von Bindersteinen berücksichtigt oder wenn die Hintermauerung zu gering dimensioniert wurde. Nach der Fertigstellung kommt es natürlich noch zu geringen Bewegungen im Mauerwerk, die aber kaum Schäden verursachen. Wenn trotzdem einzelne Steine aus dem Verband aus der Flucht geraten sind, kann man diese mit Vorschlaghammer oder Fäustel korrigieren. Zum Schutz der Steine arbeitet man dabei mit einer Kantholzunterlage. Von Zeit zu Zeit wird es auch nötig sein, den einen oder anderen Stein zu sichern oder auszutauschen, wenn Beschädigungen aufgetreten sind.

Auch um die Sicherung des Fundamentes sollte man besorgt sein. Wenn vor dem Mauerfuß Setzungen oder Ausspülungen entstanden sind, so müssen die Fehlstellen durch Auffüllungen mit Erdmaterial beseitigt werden. Besondere Beachtung ist Gehölzen zu schenken, die sich in den Mauerfugen oder in unmittelbarer Nähe des Mauerfußes oder der Mauerkrone angesiedelt haben. Größere Sträucher oder gar Bäume sind in der Lage, den Steinverband zu sprengen und Mauern zum Einsturz zu bringen. Eine jährliche Kontrolle und die Beseitigung des Jungwuchses verursachen nur einen geringen Aufwand, sichern aber langfristig den Bestand des Bauwerkes.

Die in der Fugenbepflanzung wachsenden Stauden und Kleinstgehölze können als überwiegend pflegearm bezeichnet werden. Sie gedeihen an ihren Naturstandorten unter ähnlichen Bedingungen. In Grünflächen wird man natürlich andere Ansprüche stellen als in der freien Landschaft, z. B. in Weinbergen. So kann man eine Pflege der Stauden bei Weinbergsmauern völlig unterlassen oder sogar auf eine Pflanzung verzichten und einer natürlichen Sukzession den Vorzug geben – vor allem dann, wenn in der Nähe noch Mauern mit Fugenvegetation vorhanden sind. Hingegen wird man in einem gepflegten Wohngarten gelegentlich abgeblühte Triebe durch Rückschnitt entfernen. Der geringe Aufwand für eine Bewässerung nach extremer Trockenheit ist dort ebenfalls angebracht. Wenn im Laufe der Jahre der Pflanzenwuchs nachlässt und eine intensivere Begrünung erwünscht ist, kann auch eine Flüssigdüngung im Frühjahr nach dem Laubaustrieb über die Blätter sinnvoll sein.

Dafür können Dünger, z. B. der Blattdünger „Balsamol“ von Neudorf, der „Guano-Flüssigdünger“ von GABI oder der „Wuxal-Universal-Blattdünger“ von Manna, verwendet werden. In den Gartenmärkten sind diese Dünger auch in Kleinpackungen erhältlich.

Teil 3
Grundlagen des Trockenmauerbaus

Wichtige Begriffe zum Bau und Unterhalt von Trockenmauern

Feldmaurer bedienen sich ganz bestimmter Begriffe, die vornehmlich der Verständigung untereinander dienen. Aber auch für interessierte Laien bieten sie eine gute Grundlage, um fachliche Inhalte beurteilen zu können. Nachfolgend werden die wichtigsten erläutert.

Anlauf – Neigung der Mauersichtfläche in Prozent der Abweichung aus der Vertikalen; wird auch als Dossierung bezeichnet.

Binder – Mauersteine, die von der Mauersichtfläche bis in die Hintermauerung reichen. Wichtige Verbindung zwischen Maueransicht und Hintermauerung.

Blockschichtung – Stützkonstruktion aus übereinander geschichteten Natursteinblöcken. Praktisch eine Bruchstein-Schichtenmauer mit Blöcken von mindestens 0,3 m^3 Volumen.

Decksteine – Schließen die Mauer nach oben hin ab. Es können Kronensteine mit spezieller Verarbeitung, z. B. Trapezformate oder senkrecht gestellte Steine als Rollschicht, sein. Möglich ist auch die Abdeckung mit besonders schweren Plattensteinen.

Dränschicht – Im Regelfall Mineralgemenge, das Überschusswasser an eine Leitung oder in den Untergrund abführen kann. Dränschichten können filterstabil sein, wenn sie gemischtkörnig zusammengesetzt sind (z. B. 0/45). Einkörnige Dränschichten (z. B. 8/32) leiten zwar das Wasser schnell ab, benötigen dann aber einen zusätzlichen Filter, damit keine Durchmischung mit dem Boden erfolgen kann.

Einhäuptig – Mauer, die nur eine Vorderseite als Sichtseite aufweist.

Fundamentsteine – Unterste Schicht der Mauersteine. Diese sollten eine möglichst große Auflagefläche aufweisen, um die spätere Auflast gut verteilen zu können.

Gründung – Herstellen des Fundamentes in den anstehenden Boden oder auf eine mineralische Tragschicht.

Gründungssohle – Grundfläche des Fundamentgrabens, die aus gewachsenem oder zusätzlich bis zur ausreichenden Tragfähigkeit verdichtetem Boden besteht.

Hammerrecht – Grobe Bearbeitung von Bruchsteinen, sodass eine annähernd rechtwinklige Sichtfläche entsteht. Die Bearbeitung erfolgt meist mit dem Hammer.

Haupt – Gesicht des Mauersteines, sichtbare Fläche.

Hinterfüllung – Boden- oder Steinmaterial zur Hinterfüllung von Stützmauern. Wird gleichzeitig mit der Aufmauerung eingebracht und verdichtet.

Hintermauerung – Grob bearbeitete Mauersteine, die schichtweise mit der Vormauerung aufgemauert und durch Bindersteine mit dieser verbunden werden.

Kreuzfugen – Wenn sich Lager- und Stoßfugen von zwei Steinschichten an einer Stelle treffen, bilden diese ein Kreuz. Sie sollten auf jeden Fall vermieden werden, weil sie nur entstehen können, wenn eine ungenügende Überbindung vorhanden ist. Kreuzfugen mindern die Stabilität der Trockenmauern erheblich.

Lagerfläche – Mehr oder weniger ebene Fläche des Mauersteins, die auf der darunter befindlichen Schicht aufliegt bzw. auf der die weiteren Steine aufgesetzt werden. Lagerflächen können entstehungsbedingt natürlich sein

wie bei Schiefer, oder durch Bearbeitung hergestellt werden wie bei Muschelkalk.
Läufer – In der Länge verarbeitete Steine mit relativ geringer Einbindetiefe. Mehrere Läufer nebeneinander bezeichnet man als Läuferschicht, die aber gelegentlich von einem Binder unterbrochen werden soll.
Mauerdicke – Waagerechte Strecke zwischen Mauervorderkante und Hinterkante der Hintermauerung.
Mauerfuß – Unterer Geländeanschluss der Mauer.
Mauerhöhe – Senkrecht gemessener Abstand zwischen Mauerkrone und Fundamentsohle.
Mauerkopf – Stirnseite der Mauer.
Naturwerkstein – Naturstein, der durch Bearbeitung wie Spalten oder Behauen in eine maßgerechte Form gebracht wird. Der Grad der Bearbeitung ist unwesentlich. Also gehört ein mit dem Hammer grob gerichteter Bruchstein ebenso dazu wie eine auf exakte Maße gesägte Stufe.
Quadermauerwerk – Besteht aus allseitig in ganzer Tiefe bearbeiteten Werksteinen.
Regelmäßiges Schichtenmauerwerk – Mauerwerk, bei dem die Steine in jeder Schicht in gleicher Dicke durchlaufen. Die Lagerfugen werden deshalb nicht unterbrochen. Die Schichtdicken innerhalb des Schichtenmauerwerkes können variieren.
Rollschicht – Oberer Mauerabschluss, bei dem die Mauerkrone aus senkrecht zum Mauerverlauf gestellten Steinen besteht.
Schichtenmauerwerk – In Schichten aufgebautes Mauerwerk, bei dem überwiegend annähernd rechtwinklige Steine verarbeitet werden.
Schichthöhe – Dicke der Steine, die in einer Schicht vermauert werden.
Stoßfläche – Annähernd senkrechte seitliche Steinfläche.
Stoßfugen – Annähernd senkrecht verlaufende Fugen, die durch den Zwischenraum bei nebeneinander liegenden Stoßflächen entstehen.
Überbindung – Versatz der Stoßfugen gegenüber den darunter oder darüber liegenden Steinschichten. Der Versatz ist wichtig für den Gesamtverbund des Mauerwerkes.
Unregelmäßiges Schichtenmauerwerk – Im Gegensatz zum regelmäßigen Schichtenmauerwerk werden die Lagerfugen in unregelmäßigen Abständen unterbrochen. Dies erfolgt durch sogenannte Wechselsteine. Deshalb wird dieses Mauerwerk auch als Wechselmauerwerk bezeichnet.
Zweihäuptig – Mauer mit zwei Ansichtsflächen, z. B. bei frei stehenden Mauern oder Pfeilern.
Zwickel – Kleine, meist keilförmige Steine zum Ausgleichen von Unebenheiten bei größeren Steinen.
Zyklopenmauerwerk – Die Steine bei diesem Mauerwerk weisen keine rechten Winkel auf, sind also polyedrisch.

Gesteine für Trockenmauern

Die Eignung der verschiedenen Gesteinsarten für die Herstellung von Trockenmauern hängt von ihrer Entstehung und den Stein bildenden Mineralien, aber auch von der Technik der Gewinnung ab. Auf die unterschiedlichen Techniken der Bearbeitung wurde bereits eingegangen.
Der Markt im Bereich der Natursteine wird heute sehr stark durch billige Produkte aus Entwicklungsländern bestimmt. Für Trockenmauern sollten nach Möglichkeit regionale Herkünfte bevorzugt werden.

Der Handel bedient sich immer häufiger Markennamen, die oftmals keinen Rückschluss auf die Gesteinsart und deren Eigenschaften zulassen. In der Tabelle 6 werden die im deutschsprachigen Raum gebräuchlichen Marken und Begriffe zusammengefasst und deren Gesteinsart, Entstehung und Farbe aufgeführt. In vielen Fällen ist der Markenname mit dem Herkunftsort identisch, doch dies trifft nicht immer zu. Alle genannten Marken sind für den Außenbereich geeignet. Manchmal bestehen Bedenken wegen der Tausalzbeständigkeit. Bei Trockenmauern spielt diese Eigenschaft nur dann eine Rolle, wenn unmittelbar anschließend Wege oder Straßenbeläge vorhanden sind, die mit Tausalz behandelt werden. Die genannten Marken sind im Steinhandel erhältlich oder können beschafft werden. Fast immer stehen von diesen Materialien bruchraue oder gespaltene Steine in geeigneten Sortierungen zur Verfügung. Die Auflistung der angeführten Marken erhebt natürlich keinen Anspruch auf Vollständigkeit.

Tab. 6 Geeignete Gesteinsarten und ihre Handelsnamen

Markenname	Gesteinsart	Entstehung	Herkunft	Farbe
Mayener	Basaltlava	magmatisch	Deutschland	grünlich grau
Kleinziegenfelder	Dolomit	sedimentär	Deutschland	beigebraun
Sora	Gabbro	magmatisch	Deutschland	graugrün
Flossenbürg	Granit	magmatisch	Deutschland	blaugraugelb
Gertelbach	Granit	magmatisch	Deutschland	beigebraun
Kösseine	Granit	magmatisch	Deutschland	blaugrau
Demitz-Thumitz	Granodiorit	magmatisch	Deutschland	grünlich grau
Plieskowitz	Granodiorit	magmatisch	Deutschland	hellgrau
Jura Marmor	Kalkstein	sedimentär	Deutschland	beige, rotbraun, grau
Brannenburger Nagelfluh	Konglomerat	sedimentär	Deutschland	graubunt
Lindabrunner fein, mittel, grob	Konglomerat	sedimentär	Österreich	graubeige
Ternitzer	Konglomerat	sedimentär	Österreich	rotbraun
Rauchkristall Dunkel, Hell	Marmor	metamorph	Österreich	mittelgrau – hellgrau
Sölker Grün Sölker Rot	Marmor	metamorph	Österreich	weißgrünlich, weißrosa
Wachauer gestreift, gewolkt	Marmor	metamorph	Österreich	mittelgraudunkelgrau
Kirchheimer Blaubank	Muschelkalk	sedimentär	Deutschland	blaugrau
Kirchheimer Goldbank	Muschelkalk	sedimentär	Deutschland	grau mit gelb
Krensheimer Rotbank	Muschelkalk	sedimentär	Deutschland	braungelb – rötlich
Krensheimer Muschelkalkstein	Muschelkalk	sedimentär	Deutschland	grau – graubraun
Mägenwiler	Muschelkalk	sedimentär	Schweiz	grau, blau, gelblich
Sellenberger Kernstein	Muschelkalk	sedimentär	Deutschland	graubraun
Andeer	Orthogneis	metamorph	Schweiz	grün

Tab. 6 Fortsetzung

Markenname	Gesteinsart	Entstehung	Herkunft	Farbe
Leggiuna	Paragneis	metamorph	Schweiz	grauweiß
Maggia	Paragneis	metamorph	Schweiz	dunkelhellgrau
Onsernone	Paragneis	metamorph	Schweiz	dunkelgrau
Theumaer Fruchtschiefer	Phyllit	metamorph	Deutschland	silbrig graugrün
Friedewalder	Quarzsandstsein	sedimentär	Deutschland	rot, grau, beige
Beucha	Rhyolith	magmatisch	Deutschland	rötlich braun
Löbejüner	Rhyolith	magmatisch	Deutschland	graubraun
Rochlitzer Porphyrtuff	Rhyolith-Tuff	magmatisch	Deutschland	rötlich
Anroechter Stein Blau, Grün	Sandstein	sedimentär	Deutschland	blau, grün
Burgpreppach	Sandstein	sedimentär	Deutschland	grau – gelblich
Cottaer	Sandstein	sedimentär	Deutschland	hellgrau – gelb
Eichenbühl	Sandstein	sedimentär	Deutschland	rotbraun
Maulbronner	Sandstein	sedimentär	Deutschland	rotbraun – gelblich
Neidenbach	Sandstein	sedimentär	Deutschland	intensiv rot
Niedernhofer	Sandstein	sedimentär	Deutschland	gelb
Postaer	Sandstein	sedimentär	Deutschland	gelbbraun
Reinhardsdorfer	Sandstein	sedimentär	Deutschland	gelblich
Remlinger Hart-quarzsandstein	Sandstein	sedimentär	Deutschland	intensiv braunrot
Rorschacher Sandstein	Sandstein	sedimentär	Schweiz	hellbraun, gelblich
Schweinstaler Sandstein	Sandstein	sedimentär	Deutschland	gelb, hellrot
Seebergen	Sandstein	sedimentär	Deutschland	weiß, gelb, braun
Udelfangen	Sandstein	sedimentär	Deutschland	gelblich graubraun
Uder Sandstein	Sandstein	sedimentär	Deutschland	rotbraun
Velpke	Sandstein	sedimentär	Deutschland	braungelb
Worzeldorfer	Sandstein	sedimentär	Deutschland	rotbraun
Heilbronner	Sandstein	sedimentär	Deutschland	gelbbraun
Tauerngrün	Serpentinit	metamorph	Österreich	dunkelgrün
Fredeburg	Tonschiefer	sedimentär	Deutschland	dunkelgrau
Selters	Trachyt	magmatisch	Deutschland	graugrün
Weidenhahn	Trachyt	magmatisch	Deutschland	braungrün
Bad Cannstadt Gelb	Travertin	sedimentär	Deutschland	goldgelb
Gauinger	Travertin	sedimentär	Deutschland	beigebraun
Weiberner Tuff	Tuff	magmatisch	Deutschland	hellbeige
Ettringer Tuff	Tuffstein	magmatisch	Deutschland	hellbeige

Materialkosten

Wenn Mauersteine vom Hersteller bruchrau bezogen werden, kann im Durchschnitt bei Sandstein oder Muschelkalk mit einem Preis von etwa 120 €/m^2 netto ausgegangen werden.

Kalksteine können schon zum Preis von etwa 100 €/m^2 netto erworben werden. Für Porphyr sind etwa 150 €/m^2 netto zu veranschlagen.

Über die Vorgaben bei der Bestellung bezüglich der Sortierungen wurde bereits in der Tabelle 1 hingewiesen. Entscheidend für die Frage der Materialkosten wirken sich auch die Transportkosten aus. In diesem Zusammenhang ist zu bewerten, ob die Mauersteine grob sortiert und in Paletten verpackt sind. Wesentliche Bedeutung hat auch der Hinweis „frei Baustelle abgeladen". Diese Faktoren sind bei der Einholung von Angeboten zu berücksichtigen. Im Regelfall werden Mauersteine nach Quadratmeter gehandelt. Gelegentlich erfolgt aber die Angebotsabgabe auch in Kubikmeter. In Abhängigkeit von der Wichte und den Formaten kann man je Kubikmeter mit 3 bis 5 m^2 Sichtfläche rechnen. In jedem Fall ist ein Kauf nach Quadratmeter Sichtfläche anzustreben (vgl. auch Tab. 1).

Zeitaufwand für die Herstellung von Trockenmauern

Viele Faktoren wirken sich auf den Zeitaufwand für die Herstellung von Trockenmauern aus.

So sind die Rahmenbedingungen auf der Baustelle bedeutsam. Können Maschinen für den Transport auf der Baustelle eingesetzt werden oder erfolgt der gesamte Transport von Hand? Welche Hangneigung ist vorhanden und welche Mauersteine werden verwendet? Sicher ist es bedeutsam, ob ein regelmäßiges Schichtenmauerwerk oder eines aus Findlingssteinen gebaut werden soll. Auch die geplante Höhe der Mauer spielt eine wichtige Rolle, insbesondere dann, wenn bei höheren Wänden mit Gerüsten gearbeitet werden muss. Vor allem aber die Leistungsfähigkeit, Kreativität und Erfahrung des Feldmaurers beeinflussen die Arbeit quantitativ und qualitativ. Insofern kann man lediglich mit Orientierungswerten operieren. Dabei kann man davon ausgehen, dass bei Mauerhöhen nicht wesentlich über 150 cm Höhe – also wenn ohne Gerüst gearbeitet werden kann – pro Quadratmeter ein Zeitaufwand von etwa 8 bis 10 Stunden notwendig wird. Die Herstellung von Ecken ist dabei nicht berücksichtigt. Je Höhenmeter Ecke ist noch einmal der gleiche Zeitaufwand von 8 bis 10 Stunden anzusetzen. Wenn auf Gerüsten gearbeitet werden muss, kann mit einem Zuschlag jeweils von 30 % gerechnet werden.

Wer den Mut hat, die beschriebenen Trockenmauern selbst zu bauen, kann sich aus diesem Buch umfassend Anregungen holen. Wichtig dabei ist, dass man sich zeitlich nicht unter Druck setzt und halt etwas mehr Zeit investiert. Aber man spart erheblich Geld, denn es fallen nur die Materialkosten an. Außerdem schafft man sich beispielsweise im eigenen Garten eine Kostbarkeit, die, selbst wenn sie mit kleinen Mängeln behaftet ist, den Wohnraum im Freien aufwertet. Ja, selbst die Erinnerungen an die schweißtreibende Arbeit mit anschließendem Muskelkater schaffen Verbindungen und machen stolz auf das geschaffene Werk.

Vergabe der Arbeiten an eine Fachfirma

Wer nicht in der Lage ist, selbst das Abenteuer Trockenmauer anzugehen, sollte sich an eine solide Firma mit erfahrenen Feldmaurern wenden. Zugegeben, diese Firmen sind rar, aber die Suche lohnt sich. Viele Fachfirmen des Garten- und Landschaftsbaues beschäftigen sich inzwischen wieder mit der Herstellung von Trockenmauern. Lassen Sie sich von den jeweiligen Firmen ausgeführte Projekte zeigen und vergleichen sie diese mit den Fotos in diesem Buch, bevor sie den Auftrag erteilen. Sie können dann für Ihren Auftrag ein geeignetes Projekt als Muster zugrunde legen, sodass sie bei Meinungsverschiedenheiten bezüglich der Qualität später aussagefähige Grundlagen besitzen. Einige gute Fotos können dabei als Vertragsgrundlage dienen. Im Regelfall wird bei der Vergabe an Fachfirmen ein Leistungsverzeichnis erstellt, in dem der Bieter dann nur seinen Preis einsetzt. Solche Leistungsverzeichnisse mit den allgemeinen und zusätzlichen Vertragsbedingungen erstellen im Regelfall Planer im Auftrag der Bauherren und holen dann von mehreren Firmen Angebote ein. Natürlich arbeiten die Fachfirmen auch selbst Angebote aus, ohne dass ein Planer eingeschaltet ist. Dann fehlen natürlich die Preisvergleiche, weil oft von unterschiedlichen Voraussetzungen ausgegangen wird.

Leistungsverzeichnis

Wie so eine Leistungsbeschreibung als Grundlage für ein Angebot aussehen kann, wird nachfolgend am Beispiel einer Stützmauer dargestellt (Seite 116).

Für diese Leistungen wären etwa 100 Arbeitsstunden notwendig.

Bei einem Verrechnungspreis von 40 €/Std. würden sich 4000 € Lohnkosten ergeben.

Hinzu kommen etwa 12 m^2 sortierte Bruchsteine bei einem Kaufpreis von 120 €/m^2, Kosten für KFT von 30 €/m^3 also 120 €, sodass sich die Materialkosten aufgerundet auf 1560 € belaufen.

Ohne Mehrwertsteuer ergibt dies einen Gesamtpreis von 5560 €. Dieser fiktive Preis kann in Abhängigkeit von der Auftragslage der Unternehmen, der Produktivität der Fachkräfte und der Gewinnerwartung des Unternehmens nach oben oder unter abweichen.

In die vorgestellte Form des Leistungsverzeichnisses lassen sich natürlich Bruchsteinmauern, Findlingsmauern, regelmäßige Schichtenmauern und Zyklopenmauern mit den jeweils gewünschten Gesteinsarten einfügen.

Stützmauer: Mauerlänge 8,00 m, Mauerhöhe 1,50 cm, Mauerdicke an der Basis 60 cm, Anlauf 20 %, Mauerkrone ohne Gefälle, Baugrund gewachsener Boden, schwach bindig. Rohplanie und Arbeitsraum sind vorhanden.

Pos. 1: Fundamentaushub
Bodenklasse: mittelschwer lösbar gemäß
DIN 18300
Fundamenttiefe 40 cm
Fundamentbreite 60 cm
Aushub seitlich lagern
ca. 2,00 m³ EP ________ GP ________

Pos. 2: Fundamentsohle
Fundamentbreite 60 cm
Geforderte Ebenflächigkeit ± 2 cm
Geforderte Tragfähigkeit E_{V2} 30 MN
Geforderte Lagerungsdichte D_{Pr} 0,92
ca. 5,00 m² EP ________ GP ________

Pos. 3: Trockenmauerwerk für Stützmauer
Mauerhöhe 150 cm
Mauerbreite am Fundament 60 cm, einschließlich Hintermauerung
Mauerbreite an der Krone 40 cm
Maueranlauf 20 %
Mauerwerksverband: Unregelmäßiges Schichtenmauerwerk
wie Muster XY
Gesteinsart: Stubensandstein,
Herkunft Auenwald BW
Sichtflächen spaltrau
Steinlänge mindestens 20 cm, Steinbreite mindestens 15 cm
Länge der Bindersteine mindestens 40 cm
Steinhöhen beliebig zwischen 5 und 25 cm
ca. 10,00 m² EP ________ GP ________

Pos. 4: Mauerkrone ohne Gefälle
Steindicke mindestens 15 cm
Seitenansicht und Draufsicht spaltrau
Als Zuschlag zu Pos. 3
ca. 8,00 m EP ________ GP ________

Pos. 5: Eckaufmauerung
Höhe der Eckaufmauerung 150 cm
Vermauerung der Ecksteine waagerecht
Anlauf in der Steinsichtfläche
Sichtkanten der Ecksteine 2 cm breit scharriert
Als Zuschlag zu Pos. 3
ca. 3,00 m EP ________ GP ________

Pos. 6: Hinterfüllung für Stützmauer
Mauerhöhe 150 cm
Dicke der Hinterfüllung 10 bis 50 cm
Füllstoff KFT 0/32
Einbau und Verdichtung lagenweise mit der Aufmauerung
Verdichtungsleistung D_{Pr} 0,92
ca. 4,00 m³ EP ________ GP ________

Gesamtpreis ________________

+ ... % Mehrwertsteuer ________________

Angebotspreis ________________

Service

Steinhersteller und Lieferanten

Eine Auswahl von Firmen, die Mauersteine und Wasserbausteine liefern können, enthält die Tabelle 7. Auch diese Tabelle erhebt keinen Anspruch auf Vollständigkeit. Bei der angegebenen Steinart handelt es sich im Regelfall um den Lieferschwerpunkt des jeweiligen Werkes. Die Tabelle enthält überwiegend Firmen, die Steine im Bruch selbst herstellen. Die Firmen sind nach Postleitzahlen geordnet.

Tab. 7 Lieferanten für Natursteine in Deutschland

Lieferant	Adresse	Internetadresse	Lieferschwerpunkt
Sächsische Sandsteinwerke	Bahnhofstr. 12b 01796 Pirna	www.sandsteine.de	Sandstein
Pro Stein	Zum Steinberg 36 01920 Elstra	www.prostein.de	Granit, Basalt
Hartsteinwerk Schumann	02633 Sora	www.diabas.de	Lamprophyr
SH-Natursteine	Bahnhofstr. 7 06193 Löbejün	www.sh-natursteine.de	Porphyr
VTS Koop	Ortsstr. 44b 07330 Unterloquitz	www.vts-unterloquitz.de	Schiefer
Granitwerk Süss	Hundshülbler Str. 1 08321 Zschorlau	www.granitwerk-suess.de	Granit
NT Schiefer	Zum Plattenbruch 08541 Theuma	www.natursteinwerk-theuma.de	Fruchtschiefer
Vereinigte Porphyrbrüche	Pappelhöhe 1 09306 Rochlitz	www.porphyr-rochlitz.de	Porphyr
Stottmeier Hartsteinwerk	Borstendorfer Str. 09573 Leubsdorf	www.stottmeier.hartsteinwerk.de	Gneis
A. Stichweh & Söhne	Am Mühlengraben 24 31020 Salzhemmendorf	www.thuesterkalkstein.de	Kalkstein
Wesling KG	Hannoversche Str. 23 31547 Münchehagen	www.fw-wesling.de	Sandstein
Obernkirchener Sandsteinbrüche	Postfach 1355 31678 Obernkirchen	www.obernkirchener-sandstein.de	Sandstein
Bunk	Postfach 1255 34381 Bad Karlshafen	www.wesersandsteine-bunk.de	Sandstein
Herhof Basalt- und Diabaswerk	Postfach 9 35677 Dillenburg	www. herhof-basalt.de	Basalt
Oppermann	Am Bahnhof 4 37627 Arholzen	oppermann@wesersandstein.com	Sandstein
Oberste KG	Untere Dorfstr. 31 44265 Dortmund	www.walter-oberste.de	Sandstein
Herrman Rauen	Felsenstr. 32 45479 Mülheim	www.rauen-steinhandel.de	Sandstein

Monser Naturstein-werk	Almelostr. 3 48529 Nordhorn	www.monser.de	Sandstein
Egon & Günther Woitzel	Reckerstr. 68–70 49479 Ibbenbüren	www.naturstein-woitzel.de	Sandstein
Westermann	Okereistr. 7 49479 Ibbenbüren	www.westermann-steinbruch.de	Sandstein
H. Quirrenbach	Eremitage 5–6 51789 Lindlar	www.quirrenbach.de	Sandstein, Grauwacke
Otto Schiffarth	Eremitage 2 51789 Lindlar	www.schiffarth-natursteine.de	Sandstein, Grauwacke
Weber Naturstein	Zum Steinbruch 26 54317 Korlingen	www.weber-natursteine.de	Schiefer
G. T. Kylltaler	Oberstr. 10 54634 Matzen	www.kylltalersandstein.de	Sandstein
Hans Schlink	Kottenheimer Weg 56727 Mayen	–	Basalt
Mayko Naturstein-werke	Industriegebiet Mayener Tal 56727 Mayen	www.mayko.de	Basalt
Natursteinwerk Adorf	Auf dem steinigen Acker 56736 Kottenheim	–	Basalt
Rausch & Schild	Am Flammborn 56736 Kottenheim	www.rausch-schild.de	Tuff
Mendiger Basalt	Ernst-Abbe-Str. 2 56743 Mendig	www.mendiger-basalt.de	Basalt, Tuff
Schiefergruben Magog	Alter Bahnhof 9 57392 Schmalenberge	www.magog.de	Schiefer
Külpmann	Zechenweg 20 58300 Wetter	www.naturstein-kuelpmann.de	Sandstein
Grandi	Attenbergstr. 25 58313 Herdecke	www.grandi-steinbruch-betrieb.de	Sandstein
Rüthener Sandstein-werke	Sauertrift 9 59602 Rüthen	–	Sandstein
Albert Killing	Lippstädter Str. 22 59609 Anröchte	www.akn-natursteine.de	Sandstein
Quarzwerk Dude	Nibelungenstr. 139 64686 Lautertal	www.quarzwerk-dude.de	Quarz
Wirtz Natursteine	Rheinstr. 82 65795 Hattersheim	www. wirtz-hattersheim.de	Gneis
Carl Picard	Schweinstal 67706 Krickenbach	www.picard-natursteinwerk.de	Sandstein
WemaTLD	Im Täle 10 71549 Auenwald	www.wematld.de	Sandstein, Stubensandstein
Naturstein Rongen	Schindhau 2 72072Tübingen	www.naturstein-park.de	Sandstein, Stubensandstein
S + H Holding GmbH & Co. KG	Bahnhofstr. 74589 Satteldorf	www.schoen-hippelein.de	Muschelkalk

Kurt Abele	Hälde 10 74889 Sinsheim-Weiler	www.natursteinwerk-abele.de	Sandstein
NSN	Mutschelbacher Str. 101 75196 Remchingen	www.nsn-naturstein.de	Sandstein, Muschelkalk
Lauster	Stuttgarter Str. 73 75433 Maulbronn	–	Sandstein
VSG	Steinfeldweg 1 77815 Bühl	www.vsg-natursteine.de	Granit
A. Dörflinger	Marzell 79429 Malsburg	www.doerflinger-granit.de	Granit
Anton Huber	Biberstr. 22 83098 Brannenburg	www.nagelfluh.de	Nagelfluh
Martin Grad	Erlacher Str. 8 83098 Brannenburg	www.brannenburger-nagelfluh.de	Nagelfluh
ALSO Naturstein GmbH	Postweg 4, 85132 Schernfeld bei Eichstätt	www.also-natursteine.de	Jurakalk
J. & X. Adlkofer	Hohes Kreuz 7 85072 Eichstätt	www.adlkofer.com	Jurakalk
JUMA	Postfach 5 85108 Kipfenberg	www.juma.com	Jurakalk
Stein Vetter	Industriestr. 16 87483 Eltmann	www.stein-vetter.de	Sandstein, Mu- schelkalk, Granit
Franken-Schotter	Hungerbachtal 1 91757 Treuchtlingen	www.franken-schotter.de	Kalkstein
Max Balz	Kappel 1 91788 Pappenheim	www.max-balz.de	Jurakalk
Glöckel	Im Schrandel 1 91799 Langenaltheim	www.gloeckel.de	Kalkstein
Natursteinwerk Essing	Oberau 5 93343 Essing	www.kelheimer-naturstein.de	Kalkstein
Zankl Granit	Riedlweg 33 94051 Hauzenberg	www.zankl-granit.de	Granit
Josef Kusser	Dreiburgenstr. 5 94529 Aicha vorm Wald	www.kusser.com	Granit
Alois Bauer	Zum alten Sportplatz 4 94538 Fürstenstein	www.bauer-granit.de	Granit
Schieferwerk Lotharheil	Lotharheil 2 95179 Geroldsgrün	www.sl-tsz.de	Schiefer
Bamberger Natursteinwerk	Dr.-Robert-Pfleger-Str. 25 96052 Bamberg	www.bamberger-natursteinwerk.de	Sandstein, Quarzit, Kalkstein
Hemmstone	Mergentheimer Str. 97268 Kirchheim	www.hemmstone.de	Muschelklak
Natursteinwerk Borst	Röckertstr. 6 97271 Kleinrinderfeld	www.natursteinwerk-borst.de	Kalkstein
Würzburger Natur-steinzentrum	Am Sand 1 97286 Winterhausen	www.wuenz.de	Muschelkalk

Stein Müller	Gewerbegebiet 1 97355 Kleinlangheim	www.stein-mueller.de	Sandstein
Natursteine Dittmeier	Schwarze Brücke 4 97737 Gemünden	www.dittmeier-naturstein.de	Sandstein
Traco	Poststr. 17 99947 Bad-Langensalza	www.traco.de	Travertin, Muschelkalk

Firmen mit Erfahrung im Bau von Trockenmauern

Deutschland

EKL BAU Freyburg
Eckstädter Str. 22
06632 Freyburg
Tel.: 034464/36749

Winzer GmbH
Eckstädter Str. 22
06632 Freyburg
Tel.: 034464/36749

Frank Byram
Uslarer Str. 12
37170 Uslar
Tel.: 05571/9146435
www.stone-sense.de

Joachim Jacobs
Hülbachweg 17
51545 Waldbröl
Tel.: 02291/909366
info@joachim-jacobs.de

Lars Dissmann
Im Oberdorf 5
51580 Reichshof
Tel.: 02297/90250
dissmann@landforstgarten.de

Sonja Weidenbrücher
Überasbach 7a
51597 Morsbach
Tel.: 02294/6701

Wolfgang Mölich
Neustr. 56
56333 Winningen
Tel.: 0171/4924924

Karoly Kovac
Wilhelmstr. 8
63911 Klingenberg
Tel.: 09372/947901

Ingo Mettler
Garten und Landschaftsbau
Urachstr. 38
70190 Stuttgart
Tel.: 0711/281315

Martin Bücheler
Garten- und Landschaftsbau
Ruiter Str. 3
70329 Stuttgart
www.feldmaurer.de

Jürgen Lenz
Garten- und Landschaftsbau
Weinstr. 46
71384 Weinstadt
Tel.: 07151/909809

Jürgen Ruh
Garten- und Landschaftsbau
Insel 14
79238 Ehrenkirchen
Tel.: 07633/981818

Dorsch Bau
Kelterring 13
97246 Eibelstadt
Tel.: 09303/2202
www.dorsch-bau.de

W. Höfner
Bauunternehmen
Rittershäuser Str. 8
97253 Gaukönigshofen
Tel.: 09337/664

Garten- und Landschaftsbau
Heinisch GmbH
Am Röthengraben 7
97618 Heustreu
Tel.: 09773/91910
www.heinisch-gmbh.com

Ehrenfels Bauunternehmung
Würzburger Str. 9/11
97753 Karlstadt
Tel.: 09353/79090
www.ehrenfels-online.de

Österreich

Rainer Vogler
Wiener Str. 101
A-3500 Krems
Tel.: +43 676/5957626

Schweiz

Christoph Ryf
Granatweg 5
CH-3004 Bern
Tel.: +4131/3011373

Martin Lutz
Gürbeweg 18
CH-3123 Belp
lutz.belp@bluewin.ch

Gerhard Stoll
Hueblistr. 28
CH-8636 Wald
Tel.: +4155/2463455

Fritz Hilgenstock
Winkler & Richard AG
Frauenfelder Str. 27
CH-9545 Wängi
info@gartenland.ch

Weitere Fachfirmen sind folgenden Landesverbänden für Garten-, Landschafts- und Sportplatzbau bekannt:

Landesverband Sachsen
Am Wüsteberg 3
01723 Kesselsdorf
www.galabau-sachsen.de

Landesverband Berlin und Brandenburg
Jägerhorn 36–40
14532 Kleinmachnow
www.galabau-berlin-brandenburg.de

Landesverband Mecklenburg-Vorpommern
Bockhorst 1
18273 Güstrow
www.galabau-mv.de

Landesverband Hamburg
Hellgrundweg 45
22525 Hamburg
www.galabau-nord.de

Landesverband Schleswig-Holstein
Thiensen 16
25373 Ellerhoop
www.galabau-nord.de

Landesverband Niedersachsen Bremen
Johann-Neudörffer-Str. 2
28355 Bremen
www.galabau-nordwest.de

Landesverband Sachsen-Anhalt
Lorenzweg 56
39128 Magdeburg
www.galabau-sachsen-anhalt.de

Landesverband Nordrhein-Westfalen
Sühlstr. 6
46117 Oberhausen-Borbeck
www.galabau-nrw.de

Landesverband Rheinland-Pfalz und Saar
Bauhofstr. 11
55116 Mainz
www.galabau-rps.de

Landesverband Hessen-Thüringen
Max-Planck-Ring 37
65205 Wiesbaden-Delkenheim
www.galabau-ht.de

Landesverband Baden-Württemberg
Filderstr. 109–111
70771 Leinfelden-Echterdingen
www.galabau-bw.de

Landesverband Bayern
Leharstr. 1
82166 Gräfelfing
www.galabau-bayern.de

Literaturverzeichnis

Deutsches Institut für Normung e.V. (2002): DIN EN 13383-1, Wasserbausteine – Teil 1: Anforderungen. Beuth Verlag GmbH, Berlin.

Deutsches Institut für Normung e.V. (2006): DIN 52008, Prüfverfahren für Naturstein – Beurteilung der Verwitterungsbeständigkeit. Beuth Verlag GmbH, Berlin.

Deutsches Institut für Normung e.V. (2010): DIN 1961-1 NA, Anhang NA. K, Konstruktion, Ausführung und Bemessung von Mauerwerk aus Naturstein. Beuth Verlag GmbH, Berlin.

Deutsches Institut für Normung e.V. (2011): DIN EN 771-6, Festlegungen für Mauersteine – Teil 6: Natursteine. Beuth Verlag GmbH, Berlin.

Ehmann, H. (2012): Herstellen von Trockenmauern aus Schiefer. Mündliche Mitteilung, Obernhof.

FGSV-Verlag Köln (2003): FGSV 555, Merkblatt über Stützkonstruktionen aus Betonelementen, Blockschichtungen und Gabionen, Köln.

FLL – Forschungsgesellschaft für Landschaftsentwicklung und Landschaftsbau e.V. (2004): Gütebestimmungen für Stauden. Selbstverlag Bonn.

FLL – Forschungsgesellschaft für Landschaftsentwicklung und Landschaftsbau e.V. (2012): Empfehlungen für Planung, Bau und Instandhaltung von Trockenmauern. Gelbdruck, Selbstverlag Bonn.

Gütegemeinschaft Substrate für Pflanzen e.V. (2010): RAL-Gütesicherung für Dachsubstrate für einschichtige Extensivbegrünung. Hannover.

Haas und Schubert, Architekten (2012): Sanierung von Weinbergsmauern am Kalbenstein bei Gambach in Unterfranken. Mündliche Mitteilung, Randersacker.

Hill, D. (2008): Taschenatlas Naturstein. Verlag Eugen Ulmer, Stuttgart.
Hügin, E. (2012): Kiessandgemenge für Staudenbepflanzungen. Mündliche Mitteilung, Freiburg.
Kircher, W. (2012): Durch die Alpen in den Keller. DEGA GALABAU 66, 3, 35–39.
Staatliche Lehr- und Versuchsanstalt für Gartenbau Heidelberg (2011): Bau- und Instandhaltung von Naturstein-Trockenmauern in terrassierten Weinbau-Steillagen. Selbstverlag, Heidelberg.
Tufnell, R., Hassenstein, M., Ducommun, A., Rumpe, F. (2009): Trockenmauern. 9. Aufl., Haupt Verlag Bern, Stuttgart, Wien.
Wessels, M., Regierung v. Unterfranken (2012): Sanierung von Weinbergsmauern am Kalbenstein bei Gambach in Unterfranken. Mündliche und schriftliche Mitteilung, Würzburg.
www.trockenmauern.info

Maßgebend für das Anwenden der DIN-Normen ist deren Fassung mit dem neuesten Ausgabedatum, die bei der Beuth Verlag GmbH, Burggrafenstraße 6, 10787 Berlin, erhältlich ist.

Dank

Wir bedanken uns bei dem Lektorat des Verlages Eugen Ulmer, Frau Dr. Angelika Jansen, Frau Birgit Schüller und Frau Vera Bauer, für die kompetente Unterstützung bei der Herstellung der Texte und der Bildauswahl. Die bewährte Zusammenarbeit mit diesem Team hat sehr zum Gelingen des Werkes beigetragen.

In besonderem Maße haben uns die Feldmaurer Herr Helge Ehmann aus Obernhof in Verbindung mit der Technik bei Schiefermauern und Herr Karoly Kovac aus Klingenberg bei der Verarbeitung von Sandsteinen unterstützt. Herrn Peter Doneis vom Amt für ländliche Entwicklung in Würzburg verdanken wir wertvolle Hinweise zur Sanierung von Trockenmauern in Weinbergen. Umfassende Informationen erhielten wir von Herrn Marcus Wessels von der Regierung von Unterfranken zur Ökologie von Trockenmauern. Die Zeichnungen erstellte Herr Lokau aus Bochum-Wattenscheid nach unseren Vorgaben.

Ein herzlicher Dank gilt auch Herrn Tassilo Schwarz aus Veitshöchheim für die Beratung bei der Pflanzenauswahl.

Bildquellen

Farbfotos

Biosphoto/Emmanuel Gonnet: Seite 108/109
Borchardt, W., Erfurt: Seite 12 unten rechts
Bücheler, M., Stuttgart: Seite 12 (oben), 13 (beide), 20 unten links, 21 (beide), 24 (alle), 26/27, 33 (alle), 38, 42 (alle), 44 (alle), 45, 46 (beide), 51 (beide), 52, 53, 54 (beide), 55, 56, 58 (beide), 59 (alle), 60, 61, 62, 63, 64 (beide), 65, 71, 72 (alle), 74 (beide), 84, 87 (alle), 89 (beide), 91, 93 (beide), 94, 96 (alle), 97 (alle)
Ehmann, H., Obernhof: Seite 81 oben
GAP Photos/Paul Debois – Location: Hampton Court FS 2005: Seite 8/9
Kolb, W., Güntersleben: Titelmotiv, Seite 12 unten links, 17 unten, 18 oben, 19, 20 oben und unten rechts, 29, 30 (alle), 31, 48 (beide), 70, 75 (beide), 77, 78, 80, 82, 90 unten links, Umschlagrückseite links
Kühne, H., Egling: Seite 16, 81 unten
Pitzer, J., Veitshöchheim: Seite 10, 11 (beide), 17 oben
Rausch, H., Veitshöchheim: Seite 18, 90 unten rechts, Umschlagrückseite rechts
Schwarz, T., Veitshöchheim: Seite 101, 102, 103, 104, 105, 106
Seufert, E., Würzburg: Seite 22
Wessels, M., Würzburg: Seite 68, 69 (beide)

Der Vor- und Nachsatz wurde aus verschiedenen Einzelmotiven der Autoren Martin Bücheler und Dr. Walter Kolb zusammengestellt.
Die Farbtafeln auf den Seiten 101, 102, 103, 105 und 106 wurden aus verschiedenen Einzelmotiven von Tassilo Schwarz, Veitshöchheim, und Dr. Walter Kolb, Güntersleben, zusammengestellt.

Zeichnungen

Die Zeichnungen fertigte Siegfried Lokau, Bochum-Wattenscheid, nach Angaben der Autoren bzw. der angegebenen Quellen.

Register

Die in diesem Buch enthaltenen Empfehlungen und Angaben sind vom Autor mit größter Sorgfalt zusammengestellt und geprüft worden. Eine Garantie für die Richtigkeit der Angaben kann aber nicht gegeben werden. Autor und Verlag übernehmen keinerlei Haftung für Schäden und Unfälle.

Bibliografische Information der Deutschen Nationalbibliothek
Die Deutsche Nationalbibliothek verzeichnet diese Publikation in der Deutschen Nationalbibliografie; detaillierte bibliografische Daten sind im Internet über http://dnb.d-nb.de abrufbar.

Wollgrasweg 41, 70599 Stuttgart (Hohenheim)
E-Mail: info@ulmer.de
Internet: www.ulmer.de
Lektorat: Dr. Angelika Jansen, Vera Bauer, Birgit Schüller
Herstellung: Thomas Eisele
Umschlaggestaltung: Atelier Reichert, Stuttgart
Satz: r&p digitale medien, Echterdingen
Druck und Bindung: Firmengruppe APPL, aprinta Druck, Wemding
Printed in Germany

ISBN 978-3-8001-7600-7